学做一个人：
大师的62堂修养课

梁启超 等◎著

蔡元培　陶行知　废名　朱自清　胡适　梁启超

孔學堂書局

图书在版编目（CIP）数据

学做一个人：大师的62堂修养课 / 梁启超等著. 贵阳：孔学堂书局，2025.6. -- ISBN 978-7-80770-759-2

Ⅰ.B821-49

中国国家版本馆CIP数据核字第2025WT8732号

学做一个人：大师的62堂修养课
XUEZUO YIGE REN: DASHI DE 62 TANG XIUYANGKE

梁启超等　著

责任编辑：杨彤帆
特约编辑：石胜利
封面设计：仙境设计
版式设计：陈永超

出版发行　贵州日报当代融媒体集团
　　　　　孔学堂书局
地　　址　贵阳市乌当区大坡路26号
印　　刷　三河市航远印刷有限公司
开　　本　710mm×1000mm　1/16
字　　数　228千字
印　　张　15.5
版　　次　2025年6月第1版
印　　次　2025年6月第1次印刷
书　　号　ISBN 978-7-80770-759-2
定　　价　58.00元

版权所有·翻印必究

前　言

　　文化传承，关乎一个民族的生死存亡。

　　今天，在新的起点上继续推动文化繁荣、建设文化强国、建设中华民族现代文明，是我们在新时代新的文化使命。要坚定文化自信、担当使命、奋发有为，努力创造属于我们这个时代的新文化，建设中华民族现代文明。

　　建设中华民族现代文明，更需要继承中华民族传统文化的精髓。这便是《大师系列丛书》出版的宗旨和动力。为此，《大师系列丛书》编委会筛选了梁启超、蔡元培、陶行知、朱自清、胡适等大师在读书、写作、做人、亲情、国学、美学、哲学、历史、诗歌、旅游等方面的经典文章，以及大师之间的回忆和评价文章，以飨读者。

　　《大师系列丛书》文章的选择标准：入选的都是大师的作品，然而不少大师有某一领域的皇皇巨著，编委会竭力做到优中选优，不求全面，只萃取精华中的精华。

　　中国文化源远流长，中华文明博大精深。只有全面深入了解中华文明的历史，才能更有效地推动中华优秀传统文化创造性转化、创新性发展，更有力地推进中国特色社会主义文化建设，建设中华民族现代文明。

　　欲流之远者，必浚其泉源。这套《大师系列丛书》是对大师经典作品的精华萃取，对于我们坚定文化自信，坚持走自己的路具有重要意义，这也必将成为我们进行文化创新的坚实基础。

　　本书精选了梁启超、蔡元培、陶行知、朱自清、胡适、废名几位大师关于如何做人、如何提高自身修养的论述。他们中有改革家、民主斗士、教育家、哲学家……身份虽各有不同，但他们无不是我们做人的楷模。本书精选的内容，既涉及作为社会一员的权利和义务，也包括学生修养与择业等；既涵盖了生活中的人情与交往，也囊括了职场的敬业与乐业；既谈及作为父母的责任，也论述了做人的气节……但是，由于原版中的外国人名、地名、书名等译法与现用通用译法有别，为存原貌，不做变动。文中"的、地、得"用法，异体字，通假字，纪年等，同上原因，仍用其旧。部分字依据现代汉语的使用习惯进行了修改，部分引文根据最新研究进行了调整。原作者的个别观点、提法带有时代局限性，为保持原著的完整性，也极少删改。希望这套书能够给予广大读者以思考和启迪。

《大师系列丛书》编委会

目 录

梁启超

- 002 人格之养成
- 009 伟大人格的修炼
- 013 君子之养成
- 015 陆王学派与青年修养
- 023 圣人与我同类
- 027 为学与做人
- 033 知是行之始，行是知之成
- 038 知命与努力
- 045 欲成天下之务，需诚心实意
- 048 无一事乃能事事
- 051 敬业与乐业
- 055 美术与生活

蔡元培

- 060 理想论
- 065 世界观与人生观
- 069 我的新生活观
- 070 义务与权利
- 073 美育与人生
- 075 修己
- 094 合群
- 095 舍己为群
- 097 注意公众卫生
- 098 爱护公共之建筑及器物
- 099 尽力于公益
- 101 己所不欲勿施于人
- 102 责己重而责人轻
- 103 勿畏强而侮弱
- 104 爱护弱者

陶行知

- 106 学做一个人
- 108 行是知之始
- 110 实际生活是我们的指南针——给全体同学的信

112	预备钢头碰铁钉——给吴立邦小朋友的信
115	新旧时代之学生
116	手脑相长
121	自我再教育
122	每天四问

朱自清

132	父母的责任
139	中年人与青年人
142	论青年
145	论自己
148	论别人
151	论诚意
154	正义
157	论气节
161	论雅俗共赏
167	低级趣味
169	论书生的酸气

胡适

176	说话
179	论说话的多少
182	论无话可说
184	沉默
187	论吃饭
191	很好
196	『少年中国』的精神
200	领袖人才的来源
205	学生与社会
210	中学生的修养与择业
217	青年人的苦闷
221	大宇宙中谈博爱
223	一个防身药方的三味药
228	一个问题

废名

236	志学
238	教训

梁启超

梁启超(1873—1929),字卓如,号任公,又号饮冰室主人,"戊戌变法"领袖,清华国学研究院四大导师之一,中国近代史上著名的政治活动家、思想家、教育家。著有《饮冰室合集》《夏威夷游记》《中国近三百年学术史》《中国历史研究法》《新中国未来记》等。

人格之养成

（1916年12月15日在上海青年会之演词）

启超为会员已四年，愧无所尽，今晚得与一堂相会，极以为幸。今所欲言者，或者诸君以为太迂远，但启超常以为不从改良社会下手，则中国决无可为。但言改良社会者甚多，而可观效果甚少，推求其故，则中国一般对于高尚理想，不能听受故也。此种风气不先改造，则社会改良亦为无根。所以改造之者，则输入与时势相应之学说，且使人人对于此种学说，发生信仰，然后空气一变，根本已定，而枝叶处自易易矣。青年会于改良社会最为尽力，故极愿以青年会为机关，而传布一己所怀抱。虽今晚所言，为不成系统之论，然启超所以尽力于中国之理想，即在于是，故以今晚为发端，而与诸君讨论之。

讲演之题，为"人格之养成"。"人格"二字，蔡公松坡于云南誓师时，尝有"为国人争回人格"之语，诸君当知之。故近来"人格"二字，为社会流行语。然此二字作何解释，法律学者、哲学者，千言万语，尚不能尽，以启超学力，何足以当此？且亦决非一场演说所能尽，故但就所想到之一部分而略言之。人格者，简言之，则人之所以为人而已。中国先贤有曰："人之所以异于禽兽者几希。"然则先贤之意曰：若何若何则为人，否则非人，其限界虽严，而差别而甚微。究其所以为人之处安在？启超尝为杜撰一名词，曰：人者，合神格与兽格二者而成者也。昔人有言"与天地合其德"，此为神格；人生不能无男女饮食之欲，此为兽格。夫神与禽兽，两不相容，如何合在一处？而不合则不成人，何也？但有皮骨固不可，而但有灵魂，又安在其可？若是乎，取此二者而合之，亦大不易，故为诸君论人格之调和发展。一人身上，矛盾处极多，现实与理想相矛盾，现在与未来相矛盾，个性与群性相矛盾。譬如四肢五官，因生理作用之冲动，有不能不听其所至之时。饥则不能不食，学则非休息不可，受人怒骂非生气不可，见奇象非战栗不可，皆生理上之冲动也。

自生理言，则人与禽兽无异。然有不同处，则禽兽有食即食，其为他兽而设与否不问也。惟人不然，其饥而求食也同，但下手之前，常先自问曰：此食究属我欤？非为他人设欤？食而过多，不能无病欤？食后不至生后患欤？凡此种种，不以求食之故，而忘社会中人我之界。此外，若男女、财产，无一而不经此阶级。此何物乎？曰理性是也。有理性然后能判断研究，而人之所以为人者，于是乎在。然一人之身，理性与生理常起冲突。譬之人当饿时，不至任意夺人之食；然饿至不了时，常人耐四五时之久，再上者耐至七八时，再上者耐至十二时、二十四时，谓自甘坐毙，不思得粒食以自饱，世间决无此理。此现实与理想之矛盾者一也。为将来饱食暖衣计，则目前不能不操作；为将来学问大成计，目前不能不勤苦。如是欲求将来安乐，则现在不能不劳苦；现在不劳苦，将来必有受苦之日。如是将来乐，现在苦；现在乐，将来苦。此现在与未来之矛盾者二也。人与禽兽不同，爱己而外，则爱人。爱己不学而能，爱人亦不学而能。老母之爱子也，可谓至矣、尽矣，此爱人之超乎其极者也。其他若爱夫妇，爱亲戚朋友，推而广之至一乡一村、一县一省、一国一世界，程度有浅深，范围有广狭，要其为人，则一而已。然常人因一己之故，至于排斥他人，此则一时间人己之冲突；而为永久计，势不能独爱己而不爱人，或爱人而不爱己。此个性与群性之矛盾者三也。夫一人之身，备此种种相异之性，此为一种不可解之秘密。而为人之道，则取此不相容者而调和之耳。调和则人格完全，不调和则为人格分裂。诸君闻分裂之说，当以为奇闻。昔人有五马分尸之说，既无五马，既非尸，何得谓分裂？应之曰：不然。人身之矛盾性质，若是其多，苟非有以调和之，则偏轻偏重，莫知所向，而心境之不安，莫此为甚，故曰分裂焉。譬之有人刻意求作坏人，则不过一坏人耳，而人格不为分裂。抑知人总是人，求为一完全禽兽而不可得。当其重现实也，则理想扰之；当其重现在也，则未来一念扰之；当其重个性也，则群性扰之。此憧憧往来之状，天下痛苦莫甚焉，虽不谓为人格之分裂，安可得乎？考中外古今之学说宗教，不外二者：其一重现在实际，譬诸伦理中之功利主义，政治学上之多数幸福，此为乐天主义，此偏于兽格之学说也。其二则以现在为污浊，为苦恼，为过渡，而究竟则在将来，死后则升天国，此偏于神格之学说也。两者均不免有弊。盖人自比于禽兽固不可，然不顾血肉之躯，而但求灵魂之超脱，是否可能，原属疑问。即能矣，而谓人生在世，专为受苦，必到天国，乃有乐境，则人世之无意味，莫过是矣。夫所以为世界者，求人类之安全，求文明之进步，必焉锲而不舍，然后有日新月异之象。如其不然，离人事而讲超脱，则世界安有进步可言乎？由此而知，所以贵有人格者，则将理想施之于现实，将未来显之于现在，将个性充而至于群性，此其要义也。

然诸君必问曰：此工夫之下手处若何？则我以为人而无肉体，其精神亦无所附丽。此在上帝容或能之，非所语于人类也。故为人者，第一贵在发达身体，注意兽格一方，简言之，则成一强而善之动物而已。既言动物，则动物之所能者，当尽力学之。譬诸动物学者，谓动物平均寿命，视长成期加四倍。如马之长成为两年，故其寿命为八年。人之长成期，或云二十岁，或云二十五岁，如是人之寿命，应为百岁。伍秩庸[①]自言必活至百余岁，此并非奇论，乃人类当然之权利也。然古语云："人生七十古来稀。"则以用力、用脑之处，有所偏胜，乃致夭折，不独己也。先天之传授有厚薄，因而身体有强弱，又不独一家以内已也。或以瘟疫而死，或以战争而死，此则意外之事，非人所能用力。人所能用力者，则本身范围以内而已。然公众之责，亦不能不尽，如防疫、卫生之类是也。一己方面与社会方面，既做了若干年，则以

[①] 伍秩庸：即伍廷芳（1842—1922），字文爵，号秩庸，后改名廷芳。广东新会（今广东省江门市）人，清末民初杰出的政治家、外交家、法学家。

后数十年平均寿命，必从而增进。欧美人寿命，较中国长，现在欧美人寿命较二十年前长，其效大可见矣。故兽格之不可抹杀有如是者。若就反面之神格言之，其理正与此同。今有人焉，专重精神，而不知身体之可贵，不特身体不保，且精神受亏。譬诸讲演，讲与听皆精神事业也。若无此健康之躯，安从而听而讲？且有时因生计不足，而精神痛苦而人格不保者有之矣。如是不独身体，即家计亦不可不管。然既有身体，既有精神，而二者常相冲突，或以现实害理想，或以现在害将来，或以己害一群，则如之何而可？启超有一简单之语告公等，则在服从良心上之第一命令而已。诸君知良心为物，时时对于诸君而发言，即诸君不愿听，而良心之发言自若。而第一句大抵真语也，第二、第三则有他人为之代发言者矣。譬诸父母病则之良心第一语必曰：君非回去不可。而第二句则曰：奈我外间妻子之乐何，奈我海上逍遥之乐何；第三、第四句或者曰：父母虽亲，奈路上辛苦何，奈归而无益何。此皆自行掩盖之语，非真语也。听第一语，则精神安而身体必不痛苦；听第二、第三语，则身体受亏，而精神永无安宁之日。又如与外国战争，第一命令则曰：汝非去不可；其第二、第三语则曰：路上辛苦，性命宝贵。然当知人孰无死，死又何足惜！或者临阵而逃，则刑罚随之，其痛苦为何如乎？由此言之，良心之第一命令出于天然，本于公理，有归束，有折衷，而人格调和之大方针也。所谓调和发展者如此。次论人格之扩充普溥。

  人之在世，惟其有我而又有人。我之外，则以与我同者，谓之为人。如是，一世之内，不能但有我而无人，灼灼然也。我固当重，而人亦不可不重，故尊重自己者，非尊重他人不可。人与动植物异者，以凡称物者，其本身无价值，必有人用之，而后价值乃生。譬之狗之为用广矣，可守夜，可为猎狗，故有人出重金以购之者，如广东人之嗜狗者，则杀而食之而已。又如一完具之茶杯，当其供饮也，则用为杯；忽而需杯之磁片，则惟有碎之而已。故曰："天地不仁，以万物为刍狗。"夫上帝视人，或者与人类之视禽兽同，吾侪不得而知之。但以物与人较，则物者，人类之器械，而非有自觉者也。至于人则不然：以身为人用固不可，以他人为我用亦不可；以身为人有固不可，以他人为我有亦不可。今论至此，则蔡将军所谓"争人格"之语，可得而明矣。袁世凯以金钱、以权力奔走一世，视天下人若器械，视天下人如妾妇，视天下人为奴隶，苟有不从者，则从而驱除之。蔡将军之所争者，即争此物也。夫所谓不可为人所有者，则以中国伦理，有子为父有、妇为夫有之说。此非孔子之真学说，后儒附会，乃生此谬论。夫人而可以为人所有，则人可以为货物，岂不与人格之说大相冲突乎？此义既明，乃可语人格之扩充。孔子云："己欲立而立人，己欲达而达人"，"己所不欲，勿施于人"。既尽其在我，更推我之所有者以及乎人，则人之天职尽矣。故人既不可自贬以与物同，亦不可贬人以与物同。不自贬、不贬人固善矣，更推而上之，求所以立人达人，则社会道德有不进于高明者乎？夫袁世凯之可恶，固尽人而知之矣，然诸君当知今党派之现状，正与袁氏同。甲持一说，乙持一说，对于反对之见解，则唾骂其人，视为大逆不道，则以去袁为心者，孰知其不能尊重他人意思，与袁氏等乎？夫人各有一意思，此何奇之有？我而欲强人从我，则劝导之而已。一次不从，则再劝导之。若曰：不准不从，不从不可。则天下宁有此理乎？如启超之讲演，以吾之意见与诸君相交换，一次不足则二次，二次不足则三次，如是方得谓为尊重他人人格也。如骗钱者，乘他人精神上之不防备，从而有所取盈。人知骗钱之为可耻，抑知不尊重他人人格者，亦无非强夺巧取而已，而世不以其事为可耻，抑亦奇矣。第一段中既言一己之当修养，惟一己不能独存，必赖他人维持，故人格之扩充尤为可贵。今欠钱而不还，或受恩而不报，人必曰此人无人格。然诸君亦知，吾侪人人对于社会，乃一大债务者乎？惟社会有无穷恩典与我辈，而我辈乃得生存。诸君读《罗滨生漂流记》[①]，罗氏

[①] 《罗滨生漂流记》：今译为《鲁滨逊漂流记》，英国作家丹尼尔·笛福（1660—1731）的长篇小说。讲述了主人公鲁滨逊的航海故事。有一次鲁滨逊在航海途中遇到风暴，只身漂流到一个无人荒岛，开始了长达28年与世隔绝的生活。最后，鲁滨逊终于获救，得以返回故乡。

以一人开辟荒岛，作舟则采木，求食则自耕。故无社会之境，非人人自为罗滨生不可而已，用刀非先开矿不可，捕鱼非先结网不可，结网非先求麻不可，如是尚可以为人乎？吾侪出世以后，有室可居，有路可走，皆先辈心血所造成，传于吾辈之遗产。而生斯世者，则日取此公共遗产一部而消费之。专为己而不为社会者，是专以浪费为事者也。家中子弟，专以嫖赌为事，遗产荡然，则家不能存，而国亦犹是耳。常人常曰：此物是吾所有。而实则可以为一人所有者，亦仅矣。譬诸衣服，则原始以来，以有养蚕者、种麻者，乃得而成，无养蚕，无种麻，则衣服何由而来？然则所谓自己所有者，实皆社会之赐也。吾著一书，曰梁启超之著作，此皆无耻之言也。何也？使中国无文字，则书何由成？无尧、舜、禹、汤、周公、孔子之思想，则书何由成？又如新学家读了外国书，受了外国教育，乃有种种新著作。然则大圣、大贤与夫大思想家、大学者，皆吸尽社会精华，占尽社会便宜，多分了此社会公共社产，乃以有成者也。诸君既明此义，则知非有社会，一人不能造成。然则人之所尽于社会者，宜何如耶？夫取产业一部而消费之，此本无伤。然一方消费遗产，而他方则发达之，乃为尽一身之天职。况以四千年古国如中国社会，皆圣贤、豪杰心力所造成。则今日中国人所以增加此遗产之义务，为何如耶？过去之人而无此义务心，则社会已早消灭；现在之人而无此义务心，则社会早晚间必归于尽。可不惧哉！欧美义务心强，故遗产厚；中国义务心弱，故遗产薄。今后而不想增加。不想报答，则中国之遗产其殆矣。如是人格之溥遍云者，当知一人不能离社会而独存，而二者一体者也。有社会的人格，有法律的人格。地方团体，法律上之人格也；社会者，事实上之人格也。二者皆合无数小人格，乃造成大人格。大而不发达，则小不发达；小而不发达，则大亦不发达。一人为我，而与我相关者，有县、有省、有国，故以启超言之，则为我新会，我广东，我中国。我固当重，而凡可以与"我"字相联属者，不可不同时使之发达也。此之谓人格之扩充、溥遍。

现在社会风气日坏，非人人心目中有高尚理想，则社会无由改良，而青年为尤要，故略述所怀，使启超所言，有一二语可以为诸君受用者，启超之幸，何以加之！

伟大人格的修炼

（选自《德育鉴》，原载于1905年12月《新民丛报》增刊）

自反而不缩，虽褐宽博，吾不惴焉；自反而缩，虽千万人，吾往矣。（《孟子》）

爱人不亲，反其仁；治人不治，反其智；礼人不答，反其敬。行有不得者，皆反求诸己。（《孟子》）

有人于此，其待我以横逆，则君子必自反也："我必不仁也，必无礼也，此物奚宜至哉？"其自反而仁矣，自反而有礼矣，其横逆由是也，君子必自反也："我必不忠。"自反而忠矣，其横逆由是也，君子曰："此亦妄人也已矣。如此则与禽兽奚择哉？于禽兽又何难焉？"（《孟子》）

古之君子，过则改之；今之君子，过则顺之。古之君子，其过也，如日月之食焉，人皆见之；及其更也，人皆仰之。今之君子，岂徒顺之，又从为之辞。（《孟子》）

心有所忿懥则不得其正，有所恐惧则不得其正，有所忧患则不得其正，有所好乐则不得其正。（《大学》）

小人闲居为不善，无所不至，见君子而后厌然，掩其不善而著其善。人之视己，如见其肺肝然，则何益矣？（《大学》）

启超谨案：以上录六经、四书语关于省克者，略举一二耳。

人之性恶，其善者伪也。（杨倞注云："伪，为也，矫也，矫其本性也。凡非天性而作为之者，皆谓之伪。故伪字人傍为，亦会意字也。"）今之性，生而有好利焉，顺是（案，言顺此也），故争夺而辞让亡焉；生而有疾恶焉，顺是，故残贼生而忠信亡焉；生而有耳目之欲，有好声色焉，顺是，故淫乱生而礼义文理亡焉。然则从人之性，顺人之情，必出于争夺，合于犯分乱理而归于暴。（中略）故枸木①必将待檃栝②烝矫③然后直，钝金必将待砻厉④然后利。今人之性恶，必将待师法然后正，得礼义然后治。（《荀子》）

启超谨案：孟子言性善，故其功专在扩充：扩充者，涵养之厉也，积极的也。荀子言性恶，故其功专在矫正：矫正者，克治之厉也，消极的也。盖其学说有根本之异点，而枝叶自随之而异。启超谓皆是也。孔子言"性相近，习相远"，以佛语解释之，则人性本有真如⑤与无明⑥之二原子，自无始以来，即便相缘，真如可以熏习无明，无明亦可以熏习真如。孟子专认其真如者为性，故曰善；荀子专认其无明者为性，故曰恶。荀子不知有真如，固云陋矣；而孟子于人之有不善者，则曰"非天之降才尔殊，其所以陷溺其心者然"，以恶因专属后天所自造，而非先天所含有。夫恶因由自造，固也，然造之也，非自一人，非自一时。如佛说一切众生，自无始来，即以种种因缘，造成此器世间⑦（即社会），此器世间实为彼"无明"所集合之结晶体。生于其间者，无论何种人，已不能纯然保持其"真如"之本性而无所掺杂矣，抑勿论器世间之辽广也。即如人之生也，必寄身于一国家。以近世西哲所倡民族心理学，则凡一

---

① 枸木：《荀子·性恶》：故枸木必将待檃栝烝矫然后直，钝金必将待砻厉然后利。杨倞注：枸，读为钩，曲也。枸木，曲木。
② 檃栝：亦作"檃括"。矫正竹木邪曲的工具。揉曲叫"檃"，正方称"栝"。
③ 烝矫：烝，今写作"蒸"，谓蒸之使柔。矫，谓矫之使直。
④ 砻厉：磨砺。
⑤ 真如：佛教术语，意为"事物的真实状况和性质"。中国佛教学者大都将它作为宇宙万有的本体，之称与实相、法界等同义。
⑥ 无明：佛教术语，贪、嗔、痴为无明。大乘佛法把无明分成两个部分：一念无明，无始无明。《维摩诘所说经·卷上·菩萨品第四》："缘起是道场，无明乃至老死皆无尽故。"
⑦ 器世间：佛教术语。谓一切众生可居住之国土世界，即物质世界。

民族必有其民族之特性，其积致之也。以数千百年，虽有贤智，而往往不能自拔，此其恶因非可以我一人自当之也，又不徒一民族为然也。以达尔文派生物学之所发明，则一切众生，于承受其全社会公共之遗传性外，又各各承受其父若祖之特别遗传性。凡此皆受之于住胎时，而非出胎后所能与也，是皆习也，而几于性矣。故器世间之习一也，民族全体之习二也。（一民族中又有支族，一支族中又有小支族，莫不各有其特性。乃至一国之中，一地方有一地方之特性，又同一民族或移植他国因地理上之影响而发挥出一种新特性，与所居国之特性既异，与母国之特性又异。如是者说不能尽）血统遗传之习三也，皆习也。然习之于受生以前，几于性矣。若乃出胎之后，然后复有家庭之习，社会之习，则诸习中一小部分耳。孟子所谓陷溺其心者实指此。然既有前此种种深固之习，顽然成为第二之天性，而犹谓其降才无殊，不可得也。宋明儒者，孟氏之忠仆也。然已不得不迁延其说，谓有义理之性，有气质之性。（义理之性即真如，气质之性即无明）所争者不过区区名号间耳。今吾之赘论及此也，非欲为我国哲学史上增一重公案也。盖孟、荀二子示学者以学道法门，各以其性论为根据地。由孟子之说，则惟事扩充；由荀子之说，则必须矫变。孟子之道顺，而荀子之道逆。顺故易，逆故难。虽然，进化公例必以人治与天行战，自古然矣。放而任之，而曰足以复吾真，乌见其可？天演派学者，所以重"人为淘汰"也，吾辈生此社会，稍有志者，未或不欲为社会有所尽力。而成就每不如其所期、皆出吾气质中莫不各有其缺点。而此缺点即为吾种种失败之原。古哲有言："善蕃息马者，去其害马者焉耳。"不能于此痛下功夫，而欲成伟大之人格，非所闻也。虽然，此事也，言之似易，行之甚难，良以其所谓陷溺者，其根株甚远且深。自器世间全体之习气，民族全体之习气，乃至血统上遗传之习气，蟠结充塞于眇躬[1]者既久，而有生以后，复有现在社会种种不良之感化力从而熏之，使日滋长，其熔铸而磨刮之，不得不专恃自力，

---

[1] 眇躬：旧时帝后自称之词。

斯乃所以难也。难矣，而非此不足以自成自淑，斯乃所以益不可以已也。孔子曰："或勉强而行之。"董子①曰："勉强学问，则闻见博而知益明；勉强行道，则德日起而大有功。"刘蕺山亦云："心贵乐而行惟苦，千古大圣贤大豪杰，无不从苦中打出来。"所谓勉强也，所谓苦也，惟此一事而已，惟此一事而已！

---

① 董子：董仲舒（前179—前104），西汉儒家今文经学大师。董仲舒提出了"天人感应""大一统"学说和"罢黜百家，独尊儒术"的主张被汉武帝采纳，使儒学成为当时中国社会正统思想。代表作有《春秋繁露》《天人三策》《士不遇赋》等。

君子之养成

（1914年11月5日在清华学校演说词）

"君子"二字，其意甚广，欲为之诠注，颇难得其确解。惟英人所称"劲德尔门"①包罗众义，与我国君子之意差相吻合。证之古史，君子每与小人对待，学善则为君子，学不善则为小人。君子小人之分，似无定衡。顾习尚沿传类以君子为人格之标准。望治者，每以人人有士君子之心相勖。《论语》云："君子人与？君子人也！"明乎君子品高，未易几及也。

英美教育精神，以养成国民之人格为宗旨。国家犹机器也，国民犹轮轴也。转移盘旋，端在国民，必使人人得发展其本能，人人得勉为劲德尔门，即我国所谓君子者。莽莽神州，需用君子人，于今益极，本英美教育大意而更张之。国民之人格，骎骎日上乎。

君子之义，既鲜确诂，欲得其具体的条件，亦非易言。《鲁论》②所述，多圣贤学养之渐，君子立品之方，连篇累牍势难胪举。《周易》六十四卦，言君子者凡五十三。乾坤二卦所云尤为提要钩元。《乾·象》曰："天行健，君子以自强不息。"《坤·象》曰："地势坤，君子以厚德载物。"推本乎此，君子之条件庶几近之矣。

《乾·象》言君子自励，犹天之运行不息，不得有一暴十寒之弊。才智如董子，犹云勉强学问，《中庸》亦曰"或勉强而行之。"人非上圣，其求学

---

① 劲德尔门：英文 gentleman 的音译，现译为绅士。
② 《鲁论》：即《鲁论语》，汉代今文本《论语》之一。相传为鲁人所传，故名。二十篇，篇次和今本《论语》同。是现行《论语》的来源之一。

之道，非勉强不得入于自然。且学者立志，尤须坚忍强毅，虽遇颠沛流离，不屈不挠，若或见利而进，知难而退，非大有为者之事，何足取焉？人之生世，犹舟之航于海。顺风逆风，因时而异，如必风顺而后扬帆，登岸无日矣。

且夫自胜则为强，乍见孺子入水，急欲援手，情之真也。继而思之，往援则己危，趋而避之，私欲之念起，不克自胜故也。孔子曰："克己复礼为仁。"王阳明曰："治山中贼易，治心中贼难。"古来忠臣孝子愤时忧国，奋不欲生，然或念及妻儿，辄有难于一死，不能自克者。若能摈私欲，尚果毅，自强不息，则自励之功与天同德，犹英之劲德尔门；见义勇为，不避艰险，非吾辈所谓君子其人哉！

《坤·象》言君子接物，度量宽厚，犹大地之博，无所不载。君子责己甚厚，责人甚轻。孔子曰："躬自厚而薄责于人。"盖惟有容人之量，处世接物坦焉无所芥蒂，然后得以膺重任，非如小有才者，轻佻狂薄，毫无度量，不然小不忍必乱大谋，君子不为也。当其名高任重，气度雍容，望之俨然，即之温然，此其所以为厚也，此其所以为君子也。

纵观四万万同胞，得安居乐业，教养其子若弟者几何人？读书子弟能得良师益友之熏陶者几何人？清华学子，荟中西之鸿儒，集四方之俊秀，为师为友，相蹉相磨，他年遨游海外，吸收新文明，改良我社会，促进我政治，所谓君子人者，非清华学子，行将焉属？虽然，君子之德风，小人之德草，今日之清华学子，将来即为社会之表率，语默作止，皆为国民所仿效。设或不慎，坏习惯之传行急如暴雨，则大事偾矣。深愿及此时机，崇德修学，勉为真君子，异日出膺大任，足以挽既倒之狂澜，作中流之砥柱，则民国幸甚矣。

陆王学派与青年修养

（1927年2月5日在司法储才馆讲演）

今天为本馆第一次课外讲演，以后每星期亦是继续有的。先尽在外面敦请名流学者，如未觅着，就由我自己充数。原来我自己本拟正式担任点儿功课，继思本馆与其他学校性质不同，讲堂上钟点宜少，课外自修时间宜多，所以我自己暂时不作有系统的学术讲演。

今天讲"陆王学派与青年修养"，这个题目好像不识时务——尤其在现在经济状况、社会情形正在混乱突变，还拿起几百年前道学先生的话来翻腾，岂不太可笑吗？但是我们想想修养工夫，是否含有时代性？是否在某时代为必要，在某时代便不必要？我们生在世上几十年，最少也须求自己身心得一个安顿处，不然，单是饥则求食，劳则求息，蠕蠕噩噩和动物一般，则生活还有什么意味？什么价值？或者感觉稍锐敏一点，便终日受环境的压迫，陷于烦恼苦闷，结果堕落下去，那更是"天之僇民"[①]了。所以我们单为自己打算，已经不容缺乏修养工夫，其理甚明。况且一个人总不是做自了汉可以得了的，"四海变秋气，一室难为春"，我们无论为公为私，都有献身出来替社会做事的必要。尤其在时局万分艰难的中国今日，正靠后起的青年开拓一个新局面出来，青年们不负这责任，谁来负呢？但是我们想替社会做事，自己须先预备一副本钱，所谓本钱者，不但在书本上得些断片智识，在人情交际上得些小巧的伎俩，便可济事，须是磨练出强健的心力，不为风波所摇，须是养成

---

① 天之僇民：受天惩罚的人；罪人。亦作"天之戮民"。《庄子·大宗师》："孔子曰：'丘，天之僇民也。'"

崇高的人格，不为毒菌所腐。这种精神，不是一时作得到的。古今中外的伟大人物——或者虽不十分伟大而能成就一部事业的人，都不是一蹴偒幸成功的。在他事业未成功以前，"扎硬寨，打死仗"，孜孜矻矻，锲而不舍，不知作了几多狠苦的预备功夫。待到一旦临大事，好整以暇，游刃有余，不过将修养所得的表现出来罢了。我同学们须知读书的时候，就是修养的时候，能一面注重书本子上学问，一面从事人格修养，进德修业，双方并进，这就是将来成就伟大事业的准备。所以我个人认为青年有修养的必要。

以上是说修养的必要，现在接着说修养的方法，究竟要用什么方法，才可达到修养的目的呢？古今中外的学者、祖师——所讲求的法门甚多，今择要述之：

（一）宗教的。宗教家常悬一超人的鹄的——无论天也可，神也可，上帝也可，由此产生出来道德规律，便拿来当他自己作事的标准，不能说他没有功效，不过这种方法，比较行于没有十分开化的民族和稍为脑筋简单的人，足以帮助他的修养。因为这种方法，完全靠他力的，不是靠自力的。例如信仰基督教的人，只要崇拜基督，便以为能赎我愆尤；信仰佛教净土宗的人，只要口诵"阿弥陀佛"，便以为能解脱生西。流弊所至，自己的觉性反受他力压抑，不能自由发展了。

（二）玄学的。玄学的修养法，要脱离名相，得到人以外高深哲理的人生观，来作自己安心的归宿。他的好处，自力甚强，独往独来，当然比宗教全靠他力自由得多。但他的弊病，离名相过远，结果变成高等娱乐品，不切于实际，非具特别智慧，对哲理有特别兴趣的，不容易领悟，往往陷于空中楼阁，虚无缥缈的境界。虽说是满腹玄理，足供谈资，亦等于看菜单而忘烹调，读书谱而废临池，自己终究不能受用的。

（三）礼法的。礼法的，一可云是"礼文的"——"礼节的"，换言之，就是形式上检束身心的方法。在消极方面，本"君子怀刑"的观念，凡国法和礼教上不允许的，就绝对的不肯尝试；在积极方面，礼与法所允许的，便常常从事训练，一言一动，务期造成规范。这是他的优点，但他的弊病：（1）偏于形式，礼法禁止的行为，均须表现出来，礼法才有制裁的力量；其内心思想，无论坏到怎样，法官虽高明，固然不能照烛，就是礼教的范围和力量稍大，也仍然是达不到的，不过形貌恭敬罢了。（2）病于琐碎，无论什么事，须得到一个概念，若网在纲，如裘挈领，然后才能穷源竟委，循序渐进；若只一枝一节的来寻解决，便永久得不着一个把柄。

以上三种，都不是良好的方法，不能使人们得到修养的效果。我们生在这个变动社会，镇日忙碌，精神烦闷，不但宗教的、玄学的，不能适用，就是礼法的修养方法，繁文缛节，病于琐碎，亦易令人厌倦，故不能不选择一最简捷的方法。这种方法的条件：第一要切实，能在我最忙的时间——学问上或者是职务上——不相妨害，仍能不断地作修养功夫；第二须得其要领，好比运用大机器一样，只要得着他的原动力，便全部都转动起来了，不是头痛医头，脚痛医脚的方法；第三要自动的，不靠人，也不靠着人以外的他种力量。能具备以上三种条件的，古今中外的伟人都有，或者宗教家、哲学家亦复不少。不过，依我个人用功实验的结果，觉得对于现在一般青年的修养，最稳当、最简捷、最易收效果的，当以陆王一派的学问为最适合。对于这派的学术，以后有机会，当详细讨论，今天先将他修养的要点讲一讲。我把他暂分为四点，分述于下：

（一）致良知。"致良知"这句话，是王阳明提出来的。陆象山虽有这种意思，却未明白说出"致良知"三字来，象山说法，仍旧本着孟子的"求放心"。"求放心"这句话，前人解释"放"字，如放风筝一样，放了出去，再收回来，这是不对的。其实"放"字，就是失去本来良心的意思，换言之，就是为气禀所拘，人欲所蔽，失去本然之善。"求放心"，就是图恢复已失去的良心。阳明"致良知"三字，便觉明显得多。

阳明尝诏告弟子说："你一点良知，即是你的明师。是便知是，非便知非，一毫昧他不得。良心命令你的行为，不会错的。"云云。他的意思就是说，良心像明师一样，是与非，辨之最清，良心命令你要作便作，不作便不作，决计不会错的。近世德哲学家康德（Kant）亦曾说过："服从良心第一个命令。"因为第一个命令是真觉，最明显不过的。这话完全与陆王旨趣相符合，其所谓"东海有圣人，南海有圣人，此心同，此理同"了。"致良知"的"致"字，系动词，含有功夫，如普通致书某君之"致"同意。"致良知"，就是推致良知于事事物物，好比诸君将来作司法官，如何裁判始能尽善？这便是把我的良心推致到人的身上或事物上面去的一个实例。"良心"在人身，犹"舟之有舵"。舟有舵，所以便移转；如遇暴风骇浪，不会把舵，或者是无舵，那船非沉不可。良知如舵，致良知，就是把舵。吾人每日作事，常常提醒此心，恰如操舟者全副精神注重管舵。良心与生俱来，人人都有，不常用则驰骛飞扬，莫知所届，犹之舟子之舵，不常用则把不定。所以陆王诏人说："良心就是你的明师。"每日遇事到面前便问他，久之自不费力。如舟子之于舵，天天训练，平时固毫不费力，纵遇大风骇浪，稍用点心，亦可过去。总之陆王方法，不必靠宗教、玄学、礼法等，只靠这点觉性，训练纯熟，平时言行，固从容中道，纵遇重大的困难的大事临头，随便提一提，也可因物付物，动定咸宜。这方法最简捷，上自大圣大贤，下至妇女孩提，不用抛弃他种事业，都可适用。什么专靠书本子上"多识前言往行，以蓄其德"，什么"礼仪三百，威仪三千"的繁文缛节，都是比不上的，这是陆王学派第一个美点。

（二）重实验。"致良知"，似乎纯属主观的，怎么又说到重实验的客观方面去呢？这不是自相矛盾吗？其实不然。陆王的意思，以为事之应作，要问良知；究要如何作法，如何推之于人而顺，全验诸客观的实际。表面虽似相反，结果全然一贯。陆子静与兄子渊[①]别后相见，兄问数年学问，从何处下手？何处致力？子静答云：专从人情事变上下手。这便是陆学注重实验的铁证。考陆氏本是大家庭，并且数代同居，管理家务是轮流的。他说

[①] 陆子静与兄子渊：陆九渊，字子静，号象山，其学术思想，为明王守仁所继承发展，成为陆王学派。著作编为《象山先生全集》。其五兄陆九龄，字子寿，号复斋，著有《复斋文集》。此处写作"子渊"，为笔误，陆家兄弟无人字子渊。

他学问进步最猛烈，就是在二十三岁管理家务的时候，因为这时有机会把良心推致到事实上去。我们要知道，知与行有最密切的关系。譬如由北京到上海，须先定一观念。究竟怎样去法，心中常有两种辩论，一说往南，一说往北，未实行时可以并存的。待到实行时，非实在详细打听明白，终没有达到上海的一日，徒然看路程表是不中用的。又如听人说，东兴楼菜好，在未尝过以前，纵然下形容词，说他怎样甘美可口，终于隔靴搔痒，与自己不相干，必待亲自吃过，然后才能真正知道。所以阳明主张"知行合一"，尝曰"知是行之始，行是知之终"，又曰"知而不行，知如未知"。陆王这派学说，虽然对于书本子上学问，不十分攻击，但总视为第二层学问。他们的意思，要在实际上作去，凡一言一动，能把自己的良心运用到上面去，就无往而非学问。我们天天在讲堂听讲，固为学问，就是在课外听讲作事，一举一动，均合于条理，更是紧要的学问。若徒知在讲堂上上课，那便等于看路程表和批评菜单子了。我们未研究陆王以前，以为他们学问，全是主观的，那知道他们推致良知到事事物物上去，完全属于客观的？陆子以管家进学，已以上述；再来看看王子[1]，他的军事上、政治上的事业，只要有一件，都足成为伟大人物永垂不朽。奇怪得很，我们现在只知他为一大学者，军事、政治反为学问所掩，这是什么缘故呢？因为他的军事、政治，都是从学问中发出来，同时他的学问，亦因经军事、政治的训练而益进步。他的军略、政略，就他平宸濠一事，便可看得出来。宸濠为明室王子，谋覆明社，已有数年预备，详密布置。阳明无官守，无人责，上书讨贼，谈笑之顷，三星期削平大难，这是何等神勇！迨削平以后，太监嫉功妒能，仍促御驾亲征，并且要他将宸濠放出。他看出此中症结，便把宸濠解交太监，功成不居，以泯猜忌。这时皇帝仍要到江南，所带北兵，云集南昌，他用种种方法供给，使南北军不相冲突。又百

---

[1] 王子：即王守仁，明理学家、教育家。字伯安，世称"阴阳先生"，余姚（今属浙江人）。以镇压农民起义和平定"宸濠之乱"，封新建伯，官至南京兵部尚书。著作被辑成《王文成公全书》，其中在哲学上最重要的是《传习录》《大学问》。

般用方法激动北军，到岁暮除夕时，令市民作歌谣唱戏，使兵士动思归之念，于是北兵始撤去。统观这事的首尾，初宸濠胁迫他，他不但不附和，反兴师致讨，这是良心命令他作的；旋交宸濠于太监以泯猜忌，也是良心命令他作的；北兵驻南昌，苦吾民，设法促归，也是良心命令他作的。良心作用之妙，真是不可思议。阳明之学，首重良知，一遇困难问题，更借此机会，训练思想，直做下去。一面虽似主观；一面则条理细密，手腕灵敏，又完全属客观的。虽用权术，好比医生对病人说谎一样（说谎为极不道德之事，医生对病人说谎，目的在医病，故为良心所许可）也是良心命令所许可的。为达良好目的而用手段，这手段毕竟是善的。由此足以证明致良知与重实验，丝毫不相冲突的。

（三）非功利。西洋科学，重实验，近功利；陆王学派，既注重实验，当然也不能逃此窠臼，怎么又说非功利呢？但是陆王不是绝对不要利益、不要事功，不过以自己个人为本位的毁誉、得失、利害等物，陆王是绝对反对的。陆子在白鹿洞书院讲"君子喻义小人喻利"章，不但听众感动，就是朱子〔也〕大为感动，当时便把讲义写出来刻在书院壁上。他讲的大意：谓"利"，是以自己为本位的，凡专为自己打算，不但贪财好色要不得，就是学问文章、虚荣利禄等，也都要不得的。反复推阐，为拔本塞源之论。若不澄清源头，读书多固坏，才具大更坏。譬如现在军阀，无论北也好，南也好，如果他不为自己利益、虚名，专替社会国家谋利益，那么国家便可立致太平；若专为自己打算，我希望他读书少点，才具小点才好，否则读书愈多，谈什么问题，什么主义，则为恶之本领越大，将祸国不知伊于胡底了！犹之农夫种田，种的是稻和麦，灌溉培养，可成嘉禾；如种的是莠类，加肥料，勤耕耘，所收获终为莠类。前贤说得好："种瓜得瓜，种豆得豆。"这是丝毫不爽的。所以陆王主张澄清本源，然后再作学问才好。一方面与西洋实验派相近，一方面又主张非功利，这是有西洋学派之长而无其短的明征。

（四）求自由。非功利，"无我"，似乎专于为人，孰知却又不然。可以说，完全是为自己——是为自己求得绝对的自由，不过非一般人所谓自私自利罢了。也可以说，一般人不善自私自利，陆王乃知大自私自利的。孔子曰"克己复礼"，又曰"古之学者为己"。这两句话，表面看来，显然是矛盾的，其实严格解释起来，仍然是一贯的。一日阳明弟子问曰：弟子只知躯壳的小己，不知精神的大己。阳明诘之，复曰：口要食美味，目要看好色。故云：躯壳是不是自己？食为舌，舌是不是自己的？凡食一物，口中觉得滋味很好，如良心以为不应该吃，这时谁的痛苦大？对得住口，不过几秒钟的快乐；对不住良心，是永久的痛苦。双方打算，还是对得住良心的好！所以我们良心，要不受束缚，要求得绝对的自由。但良心自由，是不容易得到的。身体受束缚，可由外力代为解放，如美国黑奴，有林肯来替他解放。我自己的精神，做了自己躯壳的奴隶，非自己解放自己，就一天到晚，一生到老，都在痛苦之中，莫由自拔。陆王学派，就是从沉沦苦海里自救出来，对内求良心绝对自由，不作躯壳的奴隶；对外不受环境的压迫和恶化，无论环境如何引诱，总持以宁静淡泊，寂然不动。因为得利绝对自由，所以同时也得到绝对的快乐。孟子曰："死亦我所恶，所恶有甚于死者。"譬如一碗饭，得之则生，弗得则死，但是有时候权衡轻重，死比食还要快活，这时就不能不死。我们看看明末死节诸臣，是何等从容自得！那些苟全性命的，觍颜人世，人家对他批评怎样，姑且不问，我看他们精神上真不知受了怎样的痛苦！如钱牧斋①、吴梅村②者流，便是一个适例。这种大不自由，就功利方面计算起来，未免太不经济。横竖早晚都是死，何必苟活几年，甘受精神上的痛苦呢？所以陆王一派学者，不作自己奴隶，不受环境压迫，结果得到大自在、大安乐，独往独来。此心常放在极逍遥安乐地方，生固快活，死亦安慰，生死无所容心，抑何往而不自得！以此证明孔子克己、为己之说，不但不相冲突，并且

---

① 钱牧斋：即钱谦益（1582—1664），字受之，号牧斋，明末清初著名诗人，东林党领袖之一。官至礼部侍郎等职，后降清，为礼部侍郎。主要作品有《初学集》《有学集》《投笔集》等。
② 吴梅村：即吴伟业（1609—1672），字骏公，号梅村。明末清初著名诗人，娄东诗派开创者。曾在崇祯时为官，明亡后被迫北上入清为官，官至国子监祭酒。后以母丧为由乞假南归，不复出仕。主要作品有《圆圆曲》《永和宫词》《萧史青门曲》等。

彼此相得益彰。这是陆王给我们修养上最简捷、最完美的方法。我不敢说我在东兴楼吃过一回菜，不过在旁边尝一尝他的滋味罢了，希望我们同学大家努力尝尝这个滋味才好！

陆王派的学问，在有清二百年间，一被经学压迫，再被程朱派压迫，日就衰微。东邻日本，反盛行此学，明治维新的豪杰，都是得力于陆王派的学者。陆王也可以说是日本建国的功臣，他学问效力的伟大，从此可见一斑。我们本国嗣裔，反未沐其膏泽，未免可惜。俗谚有云："物极必反。"现在正当物质枯燥，人心烦闷的时期，或许是陆王学术复活的时机罢？再谈到我们储才馆的设立，完全是预备养成治外法权的人物，要负担这种责任，谈何容易！非大家同心僇力，最少非有五十人抖擞精神，能够实地作事不可。然能养成作事的能力，书本子上的学问固属紧要，精神修养尤不可忽。然精神人格修养的方法，又只有陆王学派最简捷、最美满、最有效验，所以我今天首向同学介绍陆王派学术的梗概。

圣人与我同类

（选自《王阳明知行合一之教》，1926年12月在北京学术讲演会及清华学校之讲稿）

以上所述，致良知的全部功夫，大概都讲到了。但是，不能致良知的人，如何才会致起来呢？阳明以为，最要紧是立志。孔子说："为仁由己，而由人乎哉？"又说："我欲仁，斯仁至矣。"阳明接见学者，常以此激劝之，其在龙场示诸生教条四章，首即立志，其在《传习录》中谆谆言此者，不下数十条。其《示弟立志说》云：

君子之学，无时无处而不以立志为事。正目而视之，无他见也；倾耳而听之，无他闻也。如猫捕鼠，如鸡履卵，精神心思，凝聚融结，而不知有其他，然后此志常立，神气精明，义理昭著。一有私欲，即便知觉，自然容住不得矣。故凡一毫私欲之萌，只责此志不立，即私欲便退；听一毫客气之动，只责此志不立，即客气便消除，或怠心生，责此志，即不怠；忽心生，责此志，即不忽；燥心生，责此志，即不燥；妒心生，责此志，即不妒；忿心生，责此志，即不忿；贪心生，责此志，即不贪；傲心生，责此志，即不傲；吝心生，责此志，即不吝。盖无一息而非立志责志之时，无一事而非立志责志之地，故责志之功，其于去人欲，有如烈火之燎毛，太阳一出，而魍魉潜消也。

志是志个什么呢？阳明说，要志在必为圣人，他的门生萧惠[①]问学，他说："待汝办个真要求为圣人的心来，来与汝说。"（《传习录上》）有一天，几位

[①] 萧惠：王阳明弟子，曾经痴迷于道教和佛教。因此受到了王阳明的批评。

门生侍坐，阳明叹息道："你们学问不得长进，只是未立志。"有一位李琪[①]起而对曰："我亦愿立志。"阳明说："难说不立，未是必为圣人之志耳。"(《传习录下》)这些话不知现代青年们听了怎么样？我想，不是冷笑着以为迂而无用，便是惊骇着以为高不可攀。其实，阳明既不肯说迂而无用的话，也不肯说高不可攀的话，我们欲了解他的真意，请先看他对于"圣人"两字所下定义，他说：

圣人之所以为圣，只是其心纯乎天理而无人欲之杂。犹精金之所以为精，但以其成色足而无铜铅之杂也。人到纯乎天理方是圣，金到足色方是精。然圣人之才力，亦有大小不同，犹金之分两有轻重。尧、舜犹万镒，文王、孔子犹九千镒……伯夷、伊尹犹四五千镒。才力不同，而纯乎天理则同，皆可谓之圣人。犹分两虽不同，而足色则同，皆可谓之精金……盖所以为精金者，在足色而不在分两；所以为圣者，在纯乎天理而不在才力也。故虽凡人，而肯为学，使此心纯乎天理，则亦可为圣人。犹一两之金，比之万镒，分两虽悬绝，而其到足色处，可以无愧。故曰"人皆可以为尧舜"者以此。学者学圣人，不过是去人欲而存天理耳，犹炼金而求其足色。金之成色所争不多，则锻炼之工省而功易成；成色愈下，则锻炼愈难。人之气质清浊粹驳，有中人以上、中人以下，其于道有生知安行、学知利行，其下者必须人一己百、人十己千，及其成功则一。后世不知作圣之本是纯乎天理，却专去知识才能上求圣人，以为圣人无所不知，无所不能，我须是将圣人许多知识才能逐一理会始得。故不务去天理上着功夫，徒弊精竭力，从册子上钻研，名物上考索，形迹上比拟。知识愈广而人欲愈滋，才力愈多而天理愈蔽。正如见人有万镒精金，不务锻炼成色，求无愧于彼之精纯，而乃妄希分两，务同彼之万镒，锡铅铜铁，杂然而投，分两愈增而成色愈下，既其梢末，无复有金矣。(《传

[①] 李琪：王阳明弟子。

习录》答蔡希渊[①]问）

这番话可谓妙语解颐，圣人中可以分出等第，有大圣人、小圣人、第一等、第二等圣人乃至第九十九等圣人，而其为圣人则一。我们纵使够不上做一万斤重的一等圣人，最少也可以做一两重、一钱重、一分重乃至一厘重的第九十九等圣人。做一厘重的九十九等圣人，比诸一万斤重的一等凡人或坏人，其品格却是可贵。孟子所谓"人皆可以为尧舜"，必要如此，方解得痛，否则成为大妄语了。

当时有一位又聋又哑的人名叫杨茂，求见阳明，阳明和他笔谈，问道："你口不能言是非，你耳不能听是非，你心还能知是非否？"茂答："知是非。"阳明说："如此，你口虽不如人，你耳虽不如人，你心还与人一般。"茂首肯拱谢。阳明说："大凡人只是此心，此心若能存天理，是个圣贤的心，口虽不能言，耳虽不能听，也是个不能言、不【能】听的圣贤。心若不存天理，是个禽兽的心，口虽能言，耳虽能听，也只是个能言能听的禽兽。"茂听了，扣胸指天。阳明说："你但在里面行你那是的心，莫行你那非的心，纵使外面人说你是，也不须管，说你不是，也不须管。"茂顿首拜谢。（《谕泰和杨茂》）这段话虽极俚浅，却已把致良知彻始彻终功夫包括无遗。人人都有能知是非的心，只要就知之所及，行那是的心，不能行那非的心，虽口不能言，耳不能听，尚且不失为不能言、不能听的圣人。然则"圣人与我同类"，人人要做圣人，便做圣人，有什么客气呢？至于或做个不识一字、在街上叫化的圣人，或做个功被天下、师表万世的圣人，这却是量的分别，不是质的分别。圣人原是以质计，不以量计的，阳明教学者要先办个必为圣人之志，所办，办此而已。

这样看来，阳明"致良知"之教，总算平易极了。然则后来王学末流，

[①] 蔡希渊：蔡宗兖，字希渊。明朝官员、学者。为正德十二年（1517）进士，官至四川提学佥事。曾任白鹿洞书院洞主。一日王守仁在庐山游玩，蔡宗兖邀请王守仁到白鹿洞书院讲学。

为什么会堕入空寂，为后世诟病呢？原来阳明良知之说，在哲学上有很深的根据，即如前章所述。他说："心之本体，便是知。"所谓"见得良知亲切"者，即是体认本体亲切之谓。向这里下手，原是一了百了的绝妙法门，所以阳明屡屡揭此义，为学者提掇。但他并非主张"一觉之后无余事"者，所以一面直提本体，一面仍说："省察克治之功无时而可已。"而后之学者，或贪超进，惮操持，当然会发生处近于禅宗之一派，此亦学术嬗变上不可逃避之公例也。

钱绪山说："师既没，音容日远，吾党各以己见立说。学者稍见本体，即好为径超顿悟之说，无复有省身克己之功。谓一见本体，超圣可以跂足，视师门诚意格物、为善去恶之旨，皆相鄙以为第二义。简略事为，言行无顾，甚者荡灭礼教，犹自以为得圣门之最上乘。噫！亦已过矣。"（《大学问·跋》）王学末流，竟倡"现成良知"之说，结果知行不复合一，又陷于"知而不行只是不知"之弊，其去阳明之本意远矣。

为学与做人

（1922 年 12 月 27 日为苏州学生联合会公开讲演）

诸君，我在南京讲学将近三个月了，这边苏州学界里头，有好几回写信邀我，可惜我在南京是天天有功课的，不能分身前来，今天到这里，能够和全城各校诸君聚在一堂，令我感激得很。但有一件，还要请诸君原谅，因为我一个月以来，都带着些病，勉强支持，今天不能作很长的讲演，恐怕有负诸君期望哩。

问诸君："为甚么进学校？"我想人人都会众口一辞地答道："为的是求学问。"再问："你为什么要求学问？你想学些什么？"恐怕各人的答案就很不相同，或者竟自答不出来了。诸君啊！我请替你们总答一句罢："为的是学做人。"你在学校里头学的什么数学、几何、物理、化学、生理、心理、历史、地理、国文、英语，乃至什么哲学、文学、科学、政治、法律、经济、教育、农业、工业、商业等等，不过是做人所需要的一种手段，不能说专靠这些便达到做人的目的，任凭你把这些件件学得精通，你能够成个人不能？成个人，还是别问题。

人类心理有知、情、意三部分，这三部分圆满发达的状态，我们先哲名之为三达德——智、仁、勇。为什么叫做"达德"呢？因为这三件事是人类普通道德的标准，总要三件具备，才能成为一个人。三件的完成状态怎么样呢？孔子说："知者不惑，仁者不忧，勇者不惧。"所以教育应分为知育、情育、意育三方面。现在讲的智育、德育、体育不对，德育范围太笼统，体育范围太狭隘。知育要教到人不惑,情育要教到人不忧,意育要教到人不惧。教育家教学生,应该以这三件为究竟;我们自动的自己教育自己,也应该以这三件为究竟。

怎么样才能不惑呢？最要紧是养成我们的判断力。想要养成判断力;第一步,最少须有相当的常识;进一步,对于自己要做的事须有专门智识;再进一步,还要有遇事能断的智慧。假如一个人连常识都没有,听见打雷,说是雷公发威,看见月蚀,说是虾蟆贪嘴。那么,一定闹到什么事都没有主意,碰着一点疑难问题,就靠求神问卜、看相算命去解决,真所谓"大惑不解",成了最可怜的人了。学校里小学、中学所教,就是要人有了许多基本的常识,免得凡事都暗中摸索,但仅仅有这点常识还不够。我们做人,总要各有一件专门职业。这门职业,也并不是我一人破天荒去做,从前已经许多人做过,他们积累了无数经验,发现了好些原理、原则,这就是专门学识。我打算做这项职业,就应该有这项专门学识。例如我想做农吗,怎样的改良土壤,怎样的改良种子,怎样的防御水旱病虫,等等,都是前人经验有得成为学识的。我们有了这种学识,应用他来处置这些事,自然会不惑,反是则惑了。做工、做商等,都各有他的专门学识,也是如此。我想做财政家吗,何种租税可以生出何样结果,何种公债可以生出何样结果,等等,都是前人经验有得成为学识的。我们有了这种学识,应用它来处置这些事,自然会不惑,反是则惑了。教育家、军事家等,都各各有他的专门学识,也是如此。我们在高等以上学校所求的智识,就是这一类,但专靠这种常识和学识就够吗？还不能。宇宙和人生是活的,不是呆的,我们每日所碰见的事理是复杂的、变化的,不是单纯的、印板①的。倘若我们只是学过这一件才懂这一件,那么,碰着一件没有学过的事来到跟前,便手忙脚乱了。所以还要养成总体的智慧,才能得有根本的判断力。这种总体的智慧如何才能养成呢？第一件,要把我们向来粗浮的脑筋,着实磨练他,叫他变成细密而且踏实。那么,无论遇着如何繁

---

① 印板：用以印刷的底板,有木板、金属板等。这里比喻死板不变。

难的事，我都可以彻头彻尾想清楚他的条理，自然不至于惑了。第二件，要把我们向来昏浊的脑筋，着实将养他，叫他变成清明。那么，一件事理到跟前，我才能很从容很莹澈地去判断他，自然不至于惑了。以上所说常识、学识和总体的智慧，都是智育的要件，目的是教人做到知者不惑。

怎么样才能不忧呢？为什么仁者便会不忧呢？想明白这个道理，先要知道中国先哲的人生观是怎么样。"仁"之一字，儒家人生观的全体大用都包在里头。"仁"到底是什么？很难用言语说明，勉强下个解释，可以说是"普遍人格之实现"。孔子说"仁者人也"，意思说是人格完成就叫做"仁"。但我们要知道，人格不是单独一个人可以表见的，要从人和人的关系上看出来，所以"仁"字从二人，郑康成①解他做"相人偶"②。总而言之，要彼我交感互发，成为一体，然后我的人格才能实现。所以我们若不讲人格主义，那便无话可说，讲到这个主义，当然归宿到普遍人格。换句话说，宇宙即是人生，人生即是宇宙，我的人格和宇宙无二无别。体验得这个道理，就叫做"仁者"。然则这种"仁者"为甚么就会不忧呢？大凡忧之所从来，不外两端：一曰忧成败，二曰忧得失。我们得着"仁"的人生观，就不会忧成败，为什么呢？因为我们知道宇宙和人生是永远不会圆满的，所以《易经》六十四卦，始《乾》，而终《未济》。正为在这永远不圆满的宇宙中，才永远容得我们创造进化，我们所做的事，不过在宇宙进化几万万里的长途中，往前挪一寸两寸，那里配说成功呢？然则不做怎么样呢？不做便连这一寸两寸都不往前挪，那可真真失败了。"仁者"看透这种道理，信得过只有不做事才算失败，肯做事便不会失败，所以《易经》说："君子以自强不息。"换一方面来看，他们又信得过凡事不会成功的，几万万里路挪了一两寸，算成功吗？所以《论语》说："知其不可而为之。"你想，有这种人生观的人，还有什么成败可忧呢？再者，

---

① 郑康成：即郑玄（127—200），字康成。东汉末年儒家学者、经学家。主要作品有《天文七政论》《六艺论》《尚书中侯》。
② 相人偶：指互相致意，表示相亲相敬。出自《礼记·聘礼》，"公揖，入每门，每相揖"，郑玄注："每门辄揖者，以相人偶为敬也。"

我们得着"仁"的人生观，便不会忧得失，为什么呢？因为认定这件东西是我的，才有得失之可言，连人格都不是单独存在，不能明确的画出这一部分是我的，那一部分是人家的，然则那里有东西可以为我所得？既已没有东西为我所得，当然也没有东西为我所失，我只是为学问而学问，为劳动而劳动，并不是拿学问、劳动等等做手段来达到某种目的——可以为我们"所得"的。所以老子说："生而不有，为而不恃"，"既以为人己愈有，既以与人己愈多"。你想，有这种人生观的人，还有什么得失可忧呢？总而言之，有了这种人生观，自然会觉得"天地与我并生，而万物与我为一"，自然会"无入而不自得"，他的生活，纯然是趣味化、艺术化。这是最高的情感教育，目的教人做到仁者不忧。

怎么样才能不惧呢？有了不惑、不忧工夫，惧当然会减少许多了，但这是属于意志方面的事。一个人若是意志力薄弱，便有很丰富的智识，临时也会用不着；便有很优美的情操，临时也会变了卦。然则意志怎么才会坚强呢？头一件须要心地光明。孟子说："浩然之气，至大至刚，行有不慊于心，则馁矣。"又说："自反而不缩，虽褐宽博，吾不惴焉；自反而缩，虽千万人吾往矣。"俗语说得好："生平不作亏心事，夜半敲门也不惊。"一个人要保持勇气，须要从一切行为可以公开做起，这是第一著。第二件要不为劣等欲望之所牵制。《论语》记："子曰：'吾未见刚者。'或对曰：'申枨。'① 子曰：'枨也欲，焉得刚？'"一被物质上无聊的嗜欲东拉西扯，那么，百炼钢也会变为绕指柔了。总之，一个人的意志由刚强变为薄弱极易，由薄弱返到刚强极难。一个人有了意志薄弱的毛病，这个人可就完了，自己作不起自己的主，还有什么事可做？受别人压制，做别人奴隶，自己只要肯奋斗，终须能恢复自由。自己的意志做了自己情欲的奴隶，那么，真是万劫沉沦，永无恢复自由的余地，终身畏首畏尾成了个可怜人了。孔子说："和而不流，强哉矫！中立而不倚，强哉矫！国有道，不变塞焉，强哉矫！国无道，至死不变，强哉矫！"我老

---

① 申枨：字周，春秋时期鲁国人，孔子七十二弟子之一，精通六艺。

实告诉诸君说罢，做人不做到如此，决不会成一个人，但做到如此，真是不容易，非时时刻刻做磨练意志的工夫不可。意志磨练得到家，自然是看着自己应做的事，一点不迟疑，扛起来便做，"虽千万人吾往矣"。这样才算顶天立地做一世人，绝不会有藏头躲尾，左支右绌的丑态。这便是意育的目的，要教人做到勇者不惧。

我们拿这三件事作做人的标准，请诸君想想，我自己现时做到那一件——那一件稍为有一点把握。倘若连一件都不能做到，连一点把握都没有，嗳哟！那可真危险了，你将来做人恐怕就做不成。讲到学校里的教育吗，第二层的情育、第三层的意育，可以说完全没有，剩下的只有第一层的知育。就算知育罢，又只有所谓常识和学识，至于我所讲的总体智慧，靠来养成根本判断力的，却是一点儿也没有。这种"贩卖智识杂货店"的教育，把他前途想下去，真令人不寒而栗。现在这种教育，一时又改革不来，我们可爱的青年，除了他更没有可以受教育的地方。诸君啊！你到底还要做人不要，你要知道危险呀！非你自己抖擞精神，想方法自救，没有人能救你呀！

诸君啊！你千万别要以为得些断片的智识，就算是有学问呀。我老实不客气告诉你罢，你如果做成一个人，智识自然是越多越好；你如果做不成一个人，智识却是越多越坏。你不信吗？试想想全国人所唾骂的卖国贼某人某人，是有智识的呀，还是没有智识的呢？试想想全国人所痛恨的官僚政客——专门助军阀作恶、鱼肉良民的人，是有智识的呀，还是没有智识的呢？诸君须知道啊！这些人当十几年前在学校的时代，意气横厉，天真烂漫，何尝不和诸君一样，为什么就会堕落到这样田地呀？屈原说的："何昔日之芳草兮，今直为此萧艾也。岂其有他故兮，莫好修之害也。"天下最伤心的事，莫过于看着一群好好的青年，一步一步地往坏路上走。诸君猛醒啊！现在你所厌所恨的人，就是你前车之鉴了。

诸君啊！你现在怀疑吗？沉闷吗？悲哀痛苦吗？觉得外边的压迫你不能抵抗吗？我告诉你，你怀疑和沉闷，便是你因不知才会惑；你悲哀痛苦，便是你因不仁才会忧；你觉得你不能抵抗外界的压迫，便是你因不勇才有惧。这都是你的知、情、意未经过修养磨练，所以还未成个人。我盼望你有痛切的自觉啊！有了自觉，自然会自动，那么，学校之外，当然有许多学问，读一卷经，翻一部史，到处都可以发见诸君的良师呀！

  诸君啊！醒醒罢，养足你的根本智慧，体验出你的人格、人生观，保护好你的自由意志，你成人不成人，就看这几年哩！

知是行之始，行是知之成

（选自《王阳明知行合一之教》，1926年12月在北京学术讲演会及清华学校讲稿）

把知行分为两件事，而且认为知在先，行在后，这是一般人易陷的错误。阳明的"知行合一"说，即专为矫正这种错误而发。但他立论的出发点，今因解释《大学》[①]和朱子[②]有异同，所以欲知他学说的脉络，不能不先把《大学》原文作个引子。

《大学》说："欲修其身者，先正其心；欲正其心者，先诚其意；欲诚其意者，先致其知；致知在格物。"这几句话教人以修养身心的方法，在我们学术史上含有重大意味。自朱子特别表章这篇书，把他编作"四书"之首，故其价值越发增重了。据朱子说，这是"古人为学次第"（《大学章句》），要一层一层地做上去，走了第一步才到第二步。内中诚意、正心、修身是力行的功夫，格物、致知是求知的工夫。

朱子对于求知工夫看得尤重，他因为《大学》本文对于"诚意"以下都解释，对于"致知格物"没有解释，认为是有脱文，于是作了一篇《格致补传》，说道："所谓'致知在格物'者，言欲致吾之知，在即物而穷其理也。盖人心之灵莫不有知，而天下之物莫不有理，惟于理有未穷，故其知有不尽也。是以《大

[①] 《大学》：原是西汉礼学家戴圣所编《礼记》第四十二篇。南宋朱熹将《大学》《中庸》《论语》《孟子》并称"四书"，并做注解，题称《四书章句集注》。

[②] 朱子：即朱熹（1130—1200），字元晦，号晦庵。南宋时期理学家、思想家，理学集大成者。朱熹与二程合称"程朱学派"。著有《四书章句集注》《太极图说解》《通书说解》《周易本义》《楚辞集注》，后人辑有《晦庵先生朱文公文集》《朱子语类》等。

梁启超

学》始教，必使学者即凡天下之物，莫不因其已知之理而益穷之，以求至乎其极。至于用力之久，而一旦豁然贯通焉，则众物之表里精粗无不到，而吾心之全体大用无不明矣。"依朱子这种用功法，最少犯了下列两种毛病：一是泛滥无归宿，二是空伪无实着。天下事物如此其多，无论何事何物，若想用科学方法，"因其已知之理而益穷之，以求至乎其极"，单一件已够消磨你一生精力了。朱子却是用"即凡天下之物"这种全称名词，试问何年何月才能"即凡"都"穷"过呢？要先做完这段工夫，才讲到"诚意""正心"等等，那么诚正修齐治平的工作，只好待诸转轮再世了，所以结果是泛滥无归宿。况且朱子所谓"穷理"并非如近代科学家所谓客观的物理，乃是抽象的徜恍无朕①的一种东西。所以他说有"一旦豁然贯通则表里精粗无不到"那样的神秘境界。其实那种境界纯可望不可即，或者还是自己骗自己。倘若具有这种境界，那么"豁然贯通"之后，学问已做到尽头，还用着什么"诚意""正心"等等努力。所谓"为学次第"者何在？若是自己骗自己，那么用了一世格物穷理功夫，只落得一个空，而且不用功的人哪个不可以伪托，所以结果是虚伪无实着。

阳明那时代，"假的朱学"正在成行，一般"小人儒"都挟着一部《性理大全》②作举业的秘本，言行相远，风气大坏。其间一二有志之士，想依着朱子所示法门切实做去，却是前举两种毛病，或犯其一，或兼犯其二，到底不能有个得力受用处。阳明早年，固尝为此说所误，阅历许多甘苦，不能有得（注一），后来在龙场驿三年，劳苦患难，九死一生，切实体验，才能发明这知行合一之教。

注一：《传习录》黄以方③记阳明说："初年与友论做圣贤，要格天下之物，

---

① 徜恍无朕：徜恍，不真切，难以捉摸、辨认。无朕，没有迹象。
② 《性理大全》：明胡广等于永乐十三年（1415）奉成祖之命编撰的一百二十家宋儒性理学说。共七十卷。"性理"出自朱子门人陈淳所撰《四书性理字义》。
③ 黄以方：黄直（1500—1579），字以方，别号卓峰。王阳明弟子。明中期学者、诤臣。嘉靖二年（1523）进士，隆庆（1567）初，追赠光禄寺少卿。

因指亭前竹子令格去看，友格了三日，便劳神致疾。某说他精力不足，因自生穷格，到七日亦以劳思成疾。遂相与叹圣贤是做不得的，无他力量去格物了。"观此，知阳明曾犯过泛滥无归宿的病。

又《文集·答季明德书》云："若仁之不肖，亦常陷溺于其间者几年，伥伥然自以为是矣。赖天下之灵，偶有悟于良知之学，然后悔其向之所为者，固包藏祸机作伪于外而心劳日拙者也。"观此，知阳明曾犯过虚伪无着的病。

"知行合一"这四个字，阳明终身说之不厌，一部《王文成公全书》，其实不过这四个字的注脚。今为便于学者记忆持习起见，把他许多话头分成三组，每组拈出几个简要的话做代表。

第一组，"未有知而不行者，知而不行，只是未知。"（《传习录》徐爱[①]记）

第二组，"知是行的主意，行是知的功夫，知是行之始，行是知之成。"（同上）

第三组，"知行原是两个字说一个功夫，知之真切笃实处便是行，行之明觉精察处便是知。"（《文集·答友人问》）

第一组的话，是将知行的本质为合理的解剖说明。阳明以为凡人有某种感觉，同时便起某种反应作用。反应便是一种行为，感觉与反应，同时而生，不能分出个先后。他说：

《大学》指出个真知行与人看说，"如好好色，如恶恶臭。"见好色属知，好好色属行，只见那好色时已自好了，不是见了后又立个心去好，闻恶臭属知，恶恶臭属行，只闻那恶臭时已自恶了，不是闻了后又立个心去恶。如鼻塞人虽见恶臭在前，鼻中不曾闻得，便亦不甚恶，亦是不曾知臭……（《传习录》徐爱记）（注二）

注二：《大学》"如恶恶臭，如好好色"那两句话是解释"诚意"的，阳明

[①] 徐爱（1487—1517）：字曰仁，号横山，明代哲学家、官员，为王阳明最早的入室弟子之一。明正德三年（1508）进士及第。徐爱生前期望为王阳明出版《传习录》，后钱德洪完成其遗愿。

却说他"指出个真知行"。盖阳明认致知为诚意的功夫，"诚意"章所讲即是致知的事，故无须再作《格致补传》也。此是阳明学术脉络关键所在，勿轻轻看过。

这段譬喻，说明知行不能分开，可谓深切着明极了。然犹不止此，阳明以为感觉（知）的本身，已是一种事实，而这种事实早已含有行为的意义在里头。他说：

又如知痛，必已自痛了方知痛；知寒，必已自寒了；知饥，必已自饥了。知行如何分得开？此便是知行的本体，不曾有私意隔断的。（注三）必要时如此，方可谓之知，不然只是不曾知。（同上）

注三：此文虽说"知行本体"，其实阳明所谓本体，专就"知"言，即所谓良知是也。但他既已把知行认为一事，知的本体也即是行的本体，所以此语亦无病。又阳明是主张性善说的，然而恶从哪里来呢？他归咎于私意隔断，此是阳明学重大关目，详见第四章。

常人把知看得太轻松了，所以有"非知之艰，行之维艰"一类话（案：这是《伪古文尚书》语）。徐爱问阳明："今人尽有知得父当孝、兄当悌者，却不能孝、不能悌，便是知与行分明是两件事。"阳明答道：

"如称某人知孝，某人知悌，必是其人已曾行孝、行悌，方可称他知孝、知悌，不成只是晓得说些孝悌的话，便可称为知孝知悌。"（同上）

譬如现在青年们个个都自以为知道要爱国，却是所行所为，往往与爱国相反。常人以为他是知而不行，阳明以为他简直不知罢了。若是真知道爱国滋味和爱他恋人一样（如好好色），绝对不会有表里不如一的，所以得着"知而不行，只是不知"的结论。阳明说：

"知行之体本来如是，非以己意抑扬其间，姑为是说，以苟一时之效者也。"（《答顾东桥[①]书》）

第二组的话，是从心路历程上看出知行是相倚相待的，正如车之两轮，

[①] 顾东桥（1476—1545）：即顾璘，字华玉，号东桥居士，世称"东桥先生"。明代政治家、文学家。以诗著称于时。著有《浮湘集》《山中集》《息园诗文稿》等。

鸟之双翼，缺了一边，那一边也便不能发生作用了。凡人做一件事，必须先打算去做，然后会着手做去。打算便是知，便是行的第一步骤。换一面看，行是行个什么，不过把所有打算的实现出来，非到做完了这件事时候，最初的打算不曾完成，然则行也是贯彻所知的一种步骤。阳明观察这种心理历程，把他分析出来，说道："知是行的主意，行是知的功夫。知是行之始，行是知之成。"当时有人问他道："如知食乃食，知路乃行，未有不见是物，先有是事。"阳明答道：

夫人必有欲食之心然后知食，欲食之心即是意，即是行之始矣。食味之美恶，必待入口而后知，岂有不待入口而已先知食味之美恶者耶？必有欲行之心然后知路，欲行之心就是意，即是行之始矣。路途之险夷，必待身亲履历而后知，岂有不待身亲履历而已先知路途之险夷者耶？（《答顾东桥书》）

现在先解释"知是行的主意""知是行之始"那两句话。阳明为什么和人辩论"知"字时却提出"意"字来呢？阳明以为，我们所有一切知觉，必须我们的意念涉着于对境的事物终能发生。（注四）离却意念而知觉独立存在，可谓绝对不可能的事。然则说我们知道某件事，一定要以我们的意念涉着到这件事为前提。意念涉着是知的必要条件，然则意即是知的必需成分。意涉着事物方会知，而意涉着那事物便是行为的发轫。这样说来，"知是行之始"无疑了。由北京去南京的人，必须知有南京，原是不错的。为什么知有南京，必是意念已经涉着南京。涉着与知，为一刹那间不可分割的心理现象。说他是知，可以；说他是行的第一步，也可以。因为意念之涉着不能不认为行为之一种。

注四：见原文第三章《论心物合一》。

知命与努力

（1927年5月22日在华北大学[①]讲演）

今天所讲的题目是"知命与努力"。知命同努力这两件事，骤看似乎不易合并在一处。《列子·力命》篇中曾经说明力与命不能相容，我从前作的诗也有"百年力与命相持"[②]之句，都是把知命同努力分开，而且以为两者不能并存。可是，究竟是不是这样呢？现在便要研究这个问题。胡适之先生在欧洲演说中国文化，狠攻击"知命"之说，以为知命是一种懒惰哲学，这种主张能养成懒惰根性。这话若不错，那么，我们这个懒惰人族，将来除了自然淘汰之一途外，真没有别条路可走了。但究竟是不是这样呢？现在还当讨论。

在《论语》里面有一句话："不知命，无以为君子。"意思是说：凡人非有知命的工夫不能作君子。"君子"二字，在儒家的意义常是代表高尚人格的。可以知道儒家的意见，是以知命为养成高尚人格的重要条件。其他"五十而知命"等类的话狠多，知命一事在儒家可谓重视极了。再来返观儒家以外的各家的态度怎样呢？墨家树起反对之帜，矫正儒家，所攻击的，大半是儒家所重视的，所以墨家自然不相信命。《墨子·非命》篇中便极端否认知命，在现在讲，可算"打倒知命"了。列子的意见，更可从《力命》篇中看出，

[①] 华北大学：应是华北协和女子大学简称，1927年并入燕京大学。
[②] 百年力与命相持：出自梁启超《自励二首·其一》，全诗云："平生最恶牢骚语，作态呻吟苦恨谁？万事祸为福所倚，百年力与命相持。立身岂患无余地，报国惟忧或后时。未学英雄先学道，肯将荣瘁校群儿。"

他假设两人对话，一名力，一名命，争论结果，偏重于命。列子是代表道家的，可见道家的主张，是根本将命抬到最高的地位，而将力压服在下面，和墨家重力黜命的宗旨恰恰相反。可是儒家就不然，一面讲命，一面亦讲力，知命和努力，是同在一样的重要的地位，即以"不知命，无以为君子"一句论，为君子便是努力，但却以知命为必要条件，可知在儒家的眼光中两者毫无轩轾了。

"命"字到底怎么解呢？《论语》中的话很简单，未曾把定义揭出来。我们只好在儒家后辈的书籍中寻解说，《孟子》《荀子》《礼记》，这三种都是后来儒家的重要的书。《孟子》说："莫之致而至者，命也。"意谓并不靠我们力量去促成，而它自己当然来的，便是命。《荀子》说："节遇谓之命。"节是时节，意谓在某一时节偶然遇着的，便是命。《礼记》说："分于道之谓命。"这一条，戴东原解释得最详，他以为道是全体的统一的，在那全体的里面，分一部分出来，部分对于全体，自然要受其支配，那叫做"分限"，便是命。综合这几条，简单地说，就是我们的行为，受了一种不可抵抗的力量的支配，偶然间遇着一个机会，或者被限制着，止许在一定范围内自由活动，这便是命。命的观念，大概如此。

分限（命）的观念既明，究竟有多少种类，经过详密的分析，大约有下列四种：（一）自然界给予的分限：这类分限，极为明显易知，如现在天暖，须服薄衣，转眼秋冬来了，又要需用厚衣，这便是一种自然界的分限。用外国语解释，便是自然界对于人类行为，给的一个 order，只能在范围内活动，想超过是不能的。人类常常自夸，人力万能征服了自然界，但是到底征服了多少，还是个问题。譬如前时旧金山和日本的地震，人类几十年努力经营的结果，只消自然界几秒钟的破坏，便消灭无余。人类到底征服了自然界多少呢？近几天，天文家又传说彗星将与地球接近，星尾若扫到地面，便要发生危险。此事固未实现，然假设彗星尾与地面接触了，那变化又何堪设想，彼时人类征服自然界的力量又如何呢？这样便证明自然界的力量，委实比我们人类大得多，人类不得不在它给予的分限中讨生活的。（二）社会给予的分限：凡是一个社会，必有它的时间的遗传和空间的环境，这两样都能给予人们以重变的分限。无论如何强有力的人，在一个历时很久的社会中，总不能使那若干年遗传的结果消灭，并且自身反要受它的影响。即如我中华民国，挂上"民治"招牌已十六年了，实际上种种举动，所以名实不符者，实在是完全受了数千年历史经历所支配，不克自拔。社会如此，个人亦如此，一人如此，众人亦如此。不独为世所诟病的军阀、官僚，难免此经历之支配，乃至现代蓬勃之青年，是否果能推翻经历，不受其支配？仔细思之，当然不敢自信。吾人一举一动、一言一行，所不为经历所干涉者，实不多见的。至于空间方面，亦复如是。现在中国经济状况，日趋贫乏，几乎有全国国民皆有无食之苦的景况。若想用人的力量去改这种不幸的情形，不是这一端改好，那一端又发生毛病；便是那一端改好，这一端又现出流弊。环境的势力，好似一条长链，互相牵掣，吾人的生活，便是在这全国环境互相牵掣的势力支配的底下决定，人为的改造，是不能实现的。小而言之，一个团体也是这样。凡一个学校，它有学风，某一个在这学校里念书的学生，当然受学风的影响和支配，想跳出学风以外，是不容易的。而这个学校的学风，又不是单独成立的，即与其他学校发生连带关系。譬如在北京某一学校，它的学风，不能不受全北京学校的学风的影响和支配，而不能脱离，就是这样。全北京的学风，影响到某一校；一校的学风，又影响到某一人。关系是如此其密切而复杂。所以社会在空间上给予人们的分限，是不可避免，而不易改造的。（三）个人固有的分限：在个人自身的性质、能力、身体、人格、经济诸方面，常有许多不由自主的状态，这便是个人固有的分限。这些分限，有的是先天带来的，有的是受了社会的影响自然形成的，然而其为分限则一。譬如有些人身体好，有些人身体坏。身体好的人每天做十多点钟的功课，不觉疲倦；身体弱的人每天只用功几点钟，便非常困乏，再不停止，甚至患病。像这种差别，是没有法子去平均和补救的。讲其原因，自然是归咎于父母的身体不强壮，才遗传这般的体质。这不独个人为然，即以民族而言，华人同欧美比较，相去实在很远。这都是以前的祖先遗留的结果，不是一时的现象；然而既经堕落到如此地步，再想齐驱并驾，实无方法可施。既曰实行卫生，或可稍图改善，然一样的运动，一样的营养，而强者自强，弱者自弱，想立刻平等，是不可能的。才能、经济诸端，尤其易见：有聪明、有天才的人，一目十行，倚马万言；资质愚笨的人，自然赶他不上。有遗产的子弟，可以安富尊荣，卒业游学；家境困苦的人，自然千辛万苦，往往学业不完。这种分限，凡为人类，怎能逃脱？身体、才能，固然不能变易，即如物质方面之经济力，似乎可以转换，然而要将一个穷学生于顷刻中化为富豪，亦是不能实现的事。物质的限制尚且如此之难去，何论其他？个人分限，诚不可轻视的了。（四）对手方给予的分限：凡人固然自己要活动，然而同时别人也要活动，彼此原都是一样的。加之人的活动方面，对自然常少，而对于他人的常多，所以人们活动是最易和他人发生关系的。既然如此，人们活动的时候，那对手方对于自己的活动也很有影响，这影响就是分限了。人们对他人发生活动，他人为应付起见，发出相当的活动来对抗。于是自己起了所谓反应，反应也有顺的，也有逆的。遇见顺的，尚不要紧；遇见逆的，则自己的活动将受其限制，而不能为所欲为，于是便构成了对手方的分限。这可以拿施教育者与受教育者做个比方，施者虽极力求其领会，然受者仍有活动的余地，若起了逆的反应，这个教育的方法，便要失败的。此犹言团体行为也，个人对个人也是如此，朋友、夫妇间的关系，何莫不然？无论如何任性的人，他的行为总难免反受其妻之若干分限，妻之方面亦同。人生最亲爱者，莫如夫妇，而对手方犹不能不有分限，遑论其他。犹之下棋，我走一着，人亦走一着，设禁止人之移棋，任我独下，自属全胜，无如事实不许，禁止他人，既难做到，而人之一着，常常与我以危险，制我之死命，于是不得不放弃预定计画，与之极力周旋，以求最后之胜利。此即对手分限之说，乃人人相互间，双方行为接触所起之反应了。

此四种分限——再加分析，容或更有——既经明了，只受一种之限制时，已足发生困难，使数十年之工作，一旦毁坏；然人生厄运，不止如是。实际上，吾人日常生活，几无不备受四种分限之包围和压迫。因此，假使有一不知命的人，不承认分限，甚至不知分限，或不注意分限，以为无论何事，我要如何便如何，可以达到目的。此种人勇气虽然很大，动辄行其开步走的主义，一往直前。可是，设使前边有一堵墙，拦住去路，人告诉他前面有墙，墙是走不过去的，而他悍然不顾，以为没有墙，我不信墙的限制，仍然前行。有时前面本是无墙，侥幸得以穿行，然已是可一不可再的成功。今既有墙，若是墙能任意穿行，自然很好，但墙实在是不能通过的东西。于是结果，他碰了墙，碰得头破脑裂，不得不回来。回来改变方向，仍是照这样碰墙，碰了几回之后，一经躺下，比任何软弱人还软弱，再无复起的希望。因他努力自信，总想超过他的希望，不想结果失望，自然一蹶不振。这种人的勇气，不能永久保持，一遇阻碍，必生厌倦。所以不知命——不信分限，专恃莽气的人是很难成功的。

儒家知命的话，在《论语》中有最重要的一句，便是批评孔子说"知其不可为而为之"那一句。可见知其一可为而为之——不知或不信分限，不是勇气；必要知其不可为而为之，才算勇气。明知山上有金矿，动手去掘的人，那算有勇？要明知不可为，而知道应该去做的人，才算伟大。这句话很可以表现孔子的全部人格，也可以作为知命与努力的注脚："知其不可为"便是知命，"而为之"便是努力。孔子的伟大和勇气，在此可以完全看出了。我们的科学家，或是梦想他的能力可以征服自然界，能够制止地震，固不算真科学家；或是因为知道地震无法防止，便不讲预防之法，听其自然，也非真科学家。我们的真科学家，必具有下列的精神，便是明知地震是无法控制的，也不作谬妄的大言，但也不流于消极，仍然尽心竭力去研究预防的法，能够预防多少，便是多少，不因不能控制而自馁，也不因稍一预防而自夸。这种科学家才是真科学家，如我们所需要的。他们的预料，本来只在某一限度，限度之上就应当无效或失败，但他们知道应该做这种工作，仍是勤勉地去做着，尝试复尝试，不妨其多。结果如是失败，原不出其所料，万无失望的打击；幸而一二分的成功，于是他们便喜出望外了。知命之道，如此而已。

这种一二分的成功，为何可喜呢？因为世界的成功，都是比较的，无止境的。中国爱国的人，都想把国家弄得象欧美、日本一样富强，好似欧美、日本便是国家的极轨一样。谁知欧美、日本，也不见得便算成功，国中正有无穷的纷扰哩！犹如列子所语的愚公移山，他虽不能一手把很高的山移完，可是他的子孙能够继续着去工作，他及身虽止能见到移去一尺二尺，也是够愉快，比起来未见分毫的移动，强得多了。成功犹如万万里的长道，一人的生命能力，万不能走完，然而走到中途，也胜于终身不走的哩！所以知命者，明知成功之不可必，了解分限之不可逃，在分限圈制前提之下去努力，才是真能努力的人啊！

我们为何需要真正的努力，因为只有真正的努力，才可不厌不倦。人何以有厌倦，多因不知分限，希望过大，动遭失败，所以如此。知命的人，便无此弊。孔门学问，如"学而不厌，诲人不倦"，"为之不厌，诲人不倦"，"居之无倦"，"请益，曰：无倦"，"自强不息"，"不怨天，不尤人"诸端。所谓不厌、不倦、不息、不怨、不尤，都是不以前途阻碍而退馁，是消极的知命。如"学而时习之，不亦悦乎；有朋自远方来，不亦乐乎"，都是以稍有成功而自娱，是积极的努力。所以我们不止要排除尊己黜人的妄诞，也宜蠲去羡人恨己的忧伤，因这两者都于事实是无益的。我人徒见美国工人生活舒适，比中国资产阶级甚或过之，于是自怨自艾，于己之地位运动宁复有济？犹之豫湘人民，因罹兵灾，遽羡妒他省人民，又岂于事实有补？总之，生此环境，丁此时期，惟有勤勉乃身，委曲求全，其他夸诞怨艾之念，均不可存的。

孔子的"发愤忘食，乐以忘忧"工夫，实在是知命和努力的一个大榜样。儒家弟子，受其感化的，代不乏人。如汉之诸葛亮，固知辅蜀讨曹之无功，然而仍以"鞠躬尽瘁，死而后已"为职志者，深明"汉贼不两立，皇室不偏安"之义，晓得应该如此做法，故不得不做。此由知命而进于努力者也。又如近代之胡林翼、曾国藩，固曾勋业彪炳，而读其遗书，则立言无不以安命为本。因二公饱经世故，阅历有得，故谆谆以安命为言。此由努力而进于知命者也。凡人能具此二者，则作事时较有把握，较能持久。其知命也，非为懒惰而知命，实因镇定而知命；其努力也，非为侥幸而努力，实为牺牲而努力，既为牺牲而努力，做事自然勇气百倍，既无厌倦，又有快乐了。所以我们要学孔子的发愤忘食，便是学他的努力；要学孔子的乐以忘忧，便是学他的知命。知命和努力，原来是不可分离，互相为用的，再没有不相容的疑惑了。知命与努力，这便是儒家的一大特色，也是中国民族一大特色，向来伟大人物，无不如此。诸君持身涉世，如能领悟此一语的意义，做到此一层工夫，可以终身受用不尽！

欲成天下之务，需诚心实意

（选自《德育鉴》，原载于1905年12月《新民丛报》增刊）

先师讲学山中，一人资性警敏，先生漫然视之，屡问而不答；一人不顾非毁，见恶于乡党，先师与之语，竟日忘倦。某疑而问焉，先师曰："某也资虽警敏，世情机心，不肯放舍，使不闻学，犹有败露悔改之时，若又使之有闻，见解愈多，趋避愈巧，覆藏愈密，一切圆融智虑，为恶不可复悛矣。某也原是有力量之人，一时狂心，销遏不下，今既知悔，移此力量为善，何事不办？此待两人所以异也。"（王龙溪畿[①]。先师指阳明）

孟源有自是好名之病，先生喻之曰："此是汝一生大病根。譬如方丈地内，种此一大树，雨露之滋，土脉之力，只滋养得这个大根。四旁纵要种些嘉谷，上被此树遮覆，下被此树盘结，如何生长得成？须是伐去此树，纤根勿留，方可种植嘉种。不然，任汝耕耘培壅，只滋养得此根。"（《传习录》[②]。先生指王阳明）

启超谨案： 象山所谓田地不洁净，则读书为借寇兵、资盗粮；阳明所谓投衣食于波涛，只重其溺。以此二条参证之，更为博深切明。盖学问为滋养品，而滋养得病根，则诚不如不滋养之为愈。趋避巧而覆藏密，皆非有学问者不能，然则学问果借寇兵、资盗粮也。近世智育与德育不两立，皆此之由。

[①] 王畿（1498—1583）：字汝中，号龙溪。明代思想家。王门七派中"浙中派"创始人。生平著述、谈话，由后人合辑为《王龙溪先生全集》。
[②] 《传习录》：由王阳明的门人弟子对其语录和信件进行整理编撰而成。王阳明是明代哲学家、宋明理学中心学一派的代表人。

圣人之学，日远日晦，而功利之习愈趋愈下。其间虽尝瞽惑于佛老，而佛老之说卒亦未能有以胜其功利之心。虽又尝折衷于群儒，而群儒之论终亦未能有以破其功利之见。盖至于今，功利之毒沦浃于人之心髓，而习以成性也几千年矣，相矜以知，相轧以势，相争以利，相高以技能，相取以声誉。（中略）记诵之广，适以长其敖也；知识之多，适以行其恶也；闻见之博，适以肆其辩也；辞章之富，适以饰其伪也。是以皋、夔、稷、契所不能兼之事，而今之初学小生皆欲通其说究其术。其称名僭号，未尝不曰"吾欲以共成天下之务"，而其诚心实意之所在，以为不如是则无以济其私而满其欲也。呜呼！以若是之积染，以若是之心志，而又讲之以若是之学术，宜其闻吾圣人之教，而视之以为赘疣枘凿，则其以良知为未足，而谓圣人之学为无所用，亦其势有所必至矣！（王阳明）

启超谨案：王子此言，何其淋漓沉痛，一至于是！读之而不羞恶、怵惕、创艾、奋发者，必其已即于禽兽者也！其所谓称名借号曰吾欲以共成天下之务，而诚心实意乃以济其私而满其欲，吾辈不可不当下返观，严自鞫讯曰：若某者，其能免于王子之所诃乎？若有一毫未能自信也，则吾之堕落，可计日而待也！夫以王子之时，犹曰此毒沦浃心髓既已千年，试问今之社会，视前明之社会何如？前明讲学之风遍天下，缙绅之士日以此义相激厉，而犹且若是，况于有清数百年来，学者公然以理学为仇敌，以名节为赘疣？及至今日，而翻译不真、首尾不具之新学说搀入之，我辈生此间，其自立之难，视王子时又十倍焉。非大豪杰之士，其安能脱此罗网，以自淑而淑世耶？

妄意于此，二十余年矣！亦尝自矢，以为吾之于世无所厚取，"自欺"二字，或者不至如人之甚。而两年以来，稍加惩艾，则见为吾之所安而不惧者，正世之所谓大欺，而所指以为可恶而可耻者，皆吾之处心积虑。阴托之命而恃以终身者也。其使吾之安而不惧者，乃先儒论说之余，而冒以自足，以知解为智，以意气为能，而处心积虑于可耻可恶之物，则知解之所不及，意气之所不行，觉其缺漏，则蒙以一说，欲其宛转，则加以众证。先儒论说愈多，而吾之所安日密，譬之方技俱通而痿痹不恤，搔爬能周而痛痒未知，甘心于服鸩而自以为神剂。如此者不知日月几矣。呜呼！以是为学，虽日有闻，时有习，明师临之，良友辅之，犹恐成其私也。况于日之所闻，时之所习，出入于世俗之内，而又无明师良友之益，其能免于前病乎？夫所安者在此，则惟恐人或我窥，所蒙者在彼，则惟恐人不我与。托命既坚，固难于拔除；用力已深，益巧于藏伏。于是毁誉得失之际，始不能不用其情。此其触机而动，缘衅而起，乃余症标见，所谓已病不治者也。且以随用随足之体，而寄寓于他人口吻之间，以不加不损之真，而贪窃于古人唾弃之秒，至乐不寻，而伺人之颜色以为欣戚；大宝不惜，而冀时之取予以为歉盈。如失路人之志归，如丧家子之丐食，流离奔逐，至死不休，孟子之所谓"哀哉"！（罗念庵洪先[1]）

启超谨案：念庵先生者，王门之子路也。王学之光辉笃实，惟先生是赖。此段自叙用力，几经愤悱，与前所钞阳明语"学绝道丧之余"一段参观，可见昔贤自律之严、用功之苦。而所谓打叠田地功夫，真未易做到也。其所云"觉其缺漏，则蒙以一说：欲其宛转，则加以众证""托命既坚，固难于拔除；用力已深，益巧于藏伏"，此直是勘心入微处。自讼之功，行之者既寡。即行矣，而讼而能胜，抑且非易。盖吾方讼时，而彼旧习之蟠结于吾心者，又常能聘请许多辩护士，为巧说以相荧也。噫！危哉！

---

[1] 罗洪先（1504—1564）：字达夫，号念庵，明代学者，杰出的地理制图学家，绘成《广舆图》。曾专心研究王阳明心学，著作有《念庵集》。

无一事乃能事事

（选自《德育鉴》，原载于1905年12月《新民丛报》增刊）

有问钱绪山曰："阳明先生择才，始终得其用，何术而能然？"绪山曰："吾师用人，不专取其才，而先信其心。其心可托，其才自为我用。世人喜用人之才而不察其心，其才止足以自利其身已矣，故无成功。"愚谓此言是用才之诀也。然人之心地不明，如何察得人心术？人不患无才，识进则才进，不患无量，见大则量大，皆得之于学也。（高景逸[①]）

启超谨案： 此言用才之诀与鉴心之术，最为博深切明。

学者静中既得力，又有一段读书之功，自然遇事能应。若静中不得力，所读之书又只是章句而已，则且教之就事上磨炼去。自寻常衣食以外，感应酬酢，莫非事也。其间千万变化，不可端倪，而一一取裁于心，如权度之待物然。权度虽在我，而轻重长短之形仍听之于物，我无与焉，所以情顺万事而无情也。故事无大小，皆有理存，劈头判个是与非。见得是处，断然如此，虽鬼神不避；见得非处，断然不如此，虽千驷万锤不回。又于其中条分缕析，铢铢两两，辨个是中之非，非中之是，似是之非，似非之是。从此下手，沛然不疑，所行动有成绩。又凡事有先着，当图难于易，为大于细。有要着，一胜人千万着；失此不着，满盘败局。又有先后着，如低棋以后着为先着，多是见小欲速之病。又有了着，恐

[①] 高景逸：高攀龙（1562—1626），字存之，世称"景逸先生"。明朝政治家、思想家。提倡"治国平天下"的"有用之学"。作品有《高子遗书》十二卷、《周易简说》《春秋孔义》等。

事至八九分便放手，终成决裂也。盖见得是非后，又当计成败，如此方是有用学问。世有学人，居恒谈道理井井，才与言世务便疏。试之以事，或一筹莫展。这疏与拙，正是此心受病处，非关才具。谚云："经一跌，长一识。"且须熟察此心受病之原，果在何处，因痛与之克治去，从此再不犯跌，庶有长进。学者遇事不能应，只有练心法，更无练事法。练心之法，大要只是胸中无一事而已。无一事乃能事事，便是主静工夫得力处。（刘蕺山[①]）

启超谨案：阳明先生教学者，每多言事上磨练工夫，蕺山此文即其解释也。董子曰："正其谊不谋其利，明其道不计其功。"此语每为近世功利派所诟病，得此文救止之，庶可以无贻口实矣。凡任事之成功者，莫要于自信之力与鉴别之识。无自信之力，则主见游移，虽有十分才具，不能得五分之用。若能于良知之教受用的亲切，则如蕺山所云"见得是处，断然如此""见得非处，断然不如此"，外境界一切小小利害，风吹草动，曾不足以芥蒂于其胸，则自信力之强，莫与京矣！无鉴别之识，则其所以自信者，或非其所可信，然此识绝非能于应事之际得之，而必须事之前养之。世之论者每谓阅历多则识见必增，此固然也。然知其一而未知其二也，如镜然，其所以照物而无遁形者，非恃其所照物之多而已，必其有本体之明以为之原。若昏霾之镜，虽日照百物，其形相之不确实如故也。蕺山所谓"遇事不能应，只有练心法，更无练事法"，可谓一针见血之言也。此义于前《存养篇》中既详言之，今不再赘。

或谓："圣贤学问，从自己起见，豪杰建立事业，则从勋名起见。无名心，恐事业亦不成。"先生曰："不要错看了豪杰，古人一言一动，凡可信之当时，传之后世者，莫不有一段真至精神在内。此一段精神，所谓诚也。惟诚故能建立，故足不朽。稍涉名心，便是虚假，便是不诚。不诚，则无物，何从生出事业来？"（刘蕺山）

[①] 刘宗周（1578—1645）：字起东，别名刘蕺山。开创蕺山学派，创"慎独"之说。所著辑为《刘子全书》《刘子全书遗编》。

蕺山见思宗①，上曰："国家败坏已极，如何整顿？"先生对："近来持论者，但论才望，不论操守。不知天下真才望，出于天下真操守。自古未有操守不谨而遇事敢前者；亦未有操守不谨而军士畏威者。"上曰："济变之日，先才而后守。"先生对："以济变言，愈宜先守，即如范志完操守不谨，用贿补官，所以三军解体，莫肯用命。由此观之，岂不信以操守为主乎？"上始色解。（《明儒学案②·蕺山传》）

启超谨案：孔子思狂狷，狷者有所不为。白沙言"学者须有廉隅墙壁，方能任得天下事"。今日所谓才智之士，正患在破弃廉隅墙壁，无所不为。蕺山之药，用以济今日之变，其尤适也。

"动静"③二字，不能打合，如何言学？阳明在军中，一面讲学，一面应酬军务，纤毫不乱，此时动静是一是二？（刘蕺山）

人恶多事，或人悯之。世事虽多，尽是人事，人事不教人做，更责谁做！（程伊川）

见一学者忙迫，先生问其故。曰："欲了几处人事。"曰："某非不欲周旋人事者，曷尝似贤忙迫？"（程伊川）

启超谨案：高景逸云："静有定力，则我能制事，毋令事制我。"阳明所以能一面讲学一面治军者，皆能不见制于事而已。

---

① 思宗：即明思宗朱由检（1611—1644），字德约。明朝第十六位皇帝（1627—1644在位），年号崇祯。
② 《明儒学案》：明末清初学者黄宗羲系统总结明代学术思想发展演变状况的学术史专著。全书共六十二卷，立学案十九，近百万字。
③ 王阳明说："静未尝不动，动未尝不静。戒谨恐惧即是念，何分动静？"又说："无欲故静。"

敬业与乐业

（1922年8月14日在上海中华职业学校讲演）

我这题目，是把《礼记》里头"敬业乐群"和《老子》里头"安其居，乐其业"那两句话，断章取义造出来。我所说是否与《礼记》《老子》原意相合，不必深求，但我确信"敬业乐业"四个字，是人类生活不二法门。

本题主眼，自然是在"敬"字、"乐"字，但必先有业，才有可敬可乐的主体，理至易明。所以在讲演正文以前，先要说说有业之必要。

孔子说："饱食终日，无所用心，难矣哉！"又说："群居终日，言不及义，好行小慧，难矣哉！"孔子是一位教育大家，他心目中没有什么人不可教诲，独独对于这两种人，便摇头叹气说道"难、难"。可见人生一切毛病都有药可医，惟有无业游民，虽大圣人碰着他，也没有办法。

唐朝有一位名僧百丈禅师，他常常用两句格言教训弟子，说道："一日不做事，一日不吃饭。"他每日除上堂说法之外，还要自己扫地，擦桌子，洗衣服，直到八十岁，日日如此。有一回，他的门生想替他服劳，把他本日应做的工悄悄地都做了，这位言行相顾的老禅师，老实不客气，那一天便绝对的不肯吃饭。

我征引儒门、佛门这两段话，不外证明人人都要正当职业，人人都要不断的劳作。倘若有人问我，百行什么为先？万恶什么为首？我便一点不迟疑答道："百行业为先，万恶懒为首。"没有职业的懒人，简直是社会上蛀米虫，简直是"掠夺别人勤劳结果"的盗贼。我们对于这种人，是要彻底讨伐，万不能容赦的。有人说：我并不是不想找职业，无奈找不出来。我说：职业难找，原是现代全世界普遍现象，我也承认。这种现象应该如何救济，别是一个问题，今日不必讨论。但以中国现在情形论，找职业的机会依然比别国多得多，一个精力充满的壮年人，倘若不是安心躲懒，我敢信他一定能得相当职业。今日所讲，专为现在有职业及现在正做职业上预备的人——学生说法，告诉他们对于自己现有的职业应采何种态度。

第一要敬业。"敬"字为古圣贤教人做人最简易直捷的法门，可惜被后来有些人说得太精微，倒变了不适实用了。惟有朱子解得最好，他说："主一无适便是敬。"用现在的话讲，凡做一件事，便忠于一件事，将全副精力集中到这事上头，一点不旁骛，便是敬。业有什么可敬呢？为什么该敬呢？人类一面为生活而劳动，一面也是为劳动而生活。人类既不是上帝特地制来充当消化面包的机器，自然该各人因自己的地位和才力，认定一件事去做。凡可以名为一件事的，其性质都是可敬。当大总统是一件事，拉黄包车也是一件事，事的名称，从俗人眼里看来有高下；事的性质，从学理上解剖起来并没有高下。只要当大总统的人信得过我可以当大总统才去当，实实在在把总统当作一件正经事来做；拉黄包车的人信得过我可以拉黄包车才去拉，实实在在把拉车当作一件正经事来做，便是人生合理的生活，这叫做职业的神圣。凡职业没有不是神圣的，所以凡职业没有不是可敬的。惟其如此，所以我们对于各种职业，没有什么分别拣择。总之，人生在世，是要天天劳作的，劳作便是功德，不劳作便是罪恶。至于我该做那一种劳作呢？全看我的才能何如，境地何如，因自己的才能境地做一种劳作，做到圆满，便是天地间第一等人。

怎样才能把一种劳作做到圆满呢？唯一的秘诀，就是忠实。忠实从心理上发出来的，便是敬。《庄子》记痀偻丈人承蜩的故事，说道："虽天地之大，万物之多，而惟吾蜩翼之知。"凡做一件事，便把这件事看作我的生命，无论别的什么好处，到底不肯牺牲我现做的事，来和他交换。我信得过我当木匠的，做成一张好桌子，和你们当政治家的，建设成一个共和国家同一价值；我信得过我当挑粪的，把马桶收拾得干净，和你们当军人的，打胜一枝压境的敌军，同一价值。大家同是替社会做事，你不必羡慕我，我不必羡慕你，怕的是我这件事做得不妥当，便对不起这一天里头所吃的饭。所以我做事的时候，丝毫不肯分心到事外。曾文正说："坐这山，望那山，一事无成。"我从前看见一位法国学者著的书，比较英法两国国民性，他说："到英国人公事房里头，只看见他们埋头执笔做他的事；到法国人公事房里头，只看见他们衔着烟卷，像在那里出神。英国人走路，眼注地上，像用全副精神注在走路上；法国人走路，总是东张西望，像不把走路当一回事。"这些话比较得是否确切，姑且不论，但很可以为"敬业"两个字下注脚。若果如他们所说，英国人便是敬，法国人便是不敬。一个人对于自己的职业不敬，从学理方面说，便亵渎职业之神圣；从事实方面说，一定把事情做糟了。结果自己害自己。所以敬业主义于人生最为必要，又于人生最为有利。庄子说："用志不分，乃凝于神。"孔子说："素其位而行，不愿乎其外。"我说的敬业，不外这些道理。

　　第二要乐业。"做工好苦呀！"这种叹气的声音，无论何人都会常在口边流露出来，但我要问他："做工苦，难道不做工就不苦吗？"今日大热天气，我在这里喊破喉咙来讲，诸君扯直耳朵来听，有些人看着我们好苦。翻过来，倘若我们去赌钱，去吃酒，还不是一样的淘神费力，难道又不苦？须知苦乐全在主观的心，不在客观的事。人生从出胎的那一秒钟起，到咽气的那一秒钟止，除了睡觉以外，总不能把四肢五官都阁起不用。只要一用不是淘神，便是费力，劳苦总是免不掉的。会打算盘的人，只有从劳苦中找出快乐来。我想天下第一等苦人，莫过于无业游民，终日闲游浪荡，不知把自己的身子和心子摆在那里才好，他们的日子真难过。第二等苦人，便是厌恶自己本业的人，这件事分明不能不做，却满肚子里不愿意做，不愿意做，逃得了吗？到底不能，结果还是皱着眉头、哭丧着脸做去，这不是专门自己替自己开顽笑吗？我老实告诉你一句话，凡职业都是有趣味的，只要你肯继续做下去，趣味自然会发生。为什么呢？第一，因为凡一件职业，总有许多层累曲折，倘能身入其中，看他变化进展的状态，最为亲切有味。第二，因为每一职业之成就，离不了奋斗，一步一步地奋斗前去，从刻苦中得快乐，快乐的分量加增。第三，职业的性质常常要和同业的人比较骈进，好像赛球一般，因竞胜而得快乐。第四，专心做一职业时，把许多游思妄想杜绝了，省却无限闲烦恼。孔子说："知之者不如好之者，好之者不如乐之者。"人生能从自己职业中领略出趣味，生活才有价值。孔子自述生平，说道："其为人也，发愤忘食，乐以忘忧，不知老之将至云尔。"这种生活，真算得人类理想的生活了。

我生平最受用的有两句话：一是"责任心"，二是"趣味"。我自己常常力求这两句话之实现与调和，又常常把这两句话向我的朋友强聒不舍。今天所讲，敬业即是责任心，乐业即是趣味，我深信人类合理的生活总该如此，我盼望诸君和我同一受用。

美术与生活

（1922年8月12日在上海美术专门学校讲演）

诸君，我是不懂美术的人，本来不配在此讲演，但我虽然不懂美术，却十分感觉美术之必要。好在今日在座诸君，和我同一样的门外汉谅也不少，我并不是和懂美术的人讲美术，我是专要和不懂美术的人讲美术。因为人类固然不能个个都做供给美术的"美术家"，然而不可不个个都做享用美术的"美术人"。

"美术人"这三个字是我杜撰的，谅来诸君听着很不顺耳，但我确信"美"是人类生活一要素——或者还是各种要素中之最要者。倘若在生活全内容中把"美"的成分抽出，恐怕便活得不自在，甚至活不成。中国向来非不讲美术——而且还有很好的美术，但据多数人见解，总以为美术是一种奢侈品，从不肯和布帛菽粟一样看待，认为生活必需品之一。我觉得中国人生活之不能向上，大半由此，所以今日要标"美术与生活"这题，特和诸君商榷一回。

问人类生活于什么？我便一点不迟疑答道："生活于趣味。"这句话虽然不敢说把生活全内容包举无遗，最少也算把生活根芽道出。人若活得无趣，恐怕不活着还好些，而且勉强活也活不下去。人怎样会活得无趣呢？第一种，我叫他做石缝的生活，挤得紧紧的，没有丝毫开拓余地，又好像披枷带锁，永远走不出监牢一步。第二种，我叫他做沙漠的生活，干透了，没有一毫润泽；板死了，没有一毫变化。又好像蜡人一般，没有一点血色；又好像一株枯树，庾子山[1]说的"此树婆娑，生意尽矣"。这种生活是否还能叫做生活？实属一个问题，所以我虽不敢说趣味便是生活，然而敢说没趣便不成生活。

趣味之必要既已如此，然则趣味之源泉在那里呢？依我看有三种：

第一，对境之赏会与复现。人类任操何种卑下职业，任处何种烦劳境界，要之总有机会和自然之美相接触——所谓水流花放，云卷月明，美景良辰，赏心乐事，只要你在一刹那间领略出来，可以把一天的疲劳忽然恢复，把多少时的烦恼丢在九霄云外。倘若能把这些影像印在脑里头，令他不时复现。每复现一回，亦可以发生与初次领略时同等或仅较差的效用。人类想在这种尘劳世界中得有趣味，这便是一条路。

第二，心态之抽出与印契。人类心理，凡遇着快乐的事，把快乐状态归拢一想，越想便越有味，或别人替我指点出来，我的快乐程度也增加。凡遇着苦痛的事，把苦痛倾筐倒箧吐露出来，或别人能够看出我苦痛替我说出，我的苦痛程度反会减少。不惟如此，看出、说出别人的快乐，也增加我的快乐；替别人看出、说出苦痛，也减少我的苦痛。这种道理，因为各人的心都有个微妙的所在，只要搔着痒处，便把微妙之门打开了。那种愉快，真是得未曾有，所以俗话叫做"开心"。我们要求趣味，这又是一条路。

第三，他界之冥构与蓦进。对于现在环境不满，是人类普通心理，其所以能进化者，亦在此。就令没有什么不满，然而在同一环境之下生活久了，自然也会生厌。不满尽管不满，生厌尽管生厌，然而脱离不掉他，这便是苦恼根源。然则怎样救济法呢？肉体上的生活，虽然被现实的环境捆死了；精神上的生活，却常常对于环境宣告独立。或想到将来希望如何如何，或想到别个世界，例如文学家的桃源、哲学家的乌托邦、宗教学的天堂净土如何如何，忽然间超越现实界，闯入理想界去，便是那人的自由天地。我们欲求趣

---

[1] 庾子山：庾信（513—581），字子山，南北朝时期文学家。其《枯树赋》曰："殷仲文风流儒雅……顾庭槐而叹曰：'此树婆娑，生意尽矣。'"抒发了作者对故乡的思念和对自己身世的感伤。

味,这又是一条路。

这三种趣味,无论何人都会发动的,但因各人感觉机关用得熟与不熟,以及外界帮助引起的机会有无多少,于是趣味享用之程度,生出无量差别。感觉器官敏则趣味增,感觉器官钝则趣味减;诱发机缘多则趣味强,诱发机缘少则趣味弱。专从事诱发以刺激各人器官,不使钝的,有三种利器:一是文学,二是音乐,三是美术。

今专从美术讲。美术中最主要的一派,是描写自然之美,常常把我们所曾经赏会、或像是曾经赏会的,都复现出来。我们过去赏会的影子印在脑中,因时间之经过渐渐淡下去,终必有不能复现之一日,趣味也跟着消灭了。一幅名画在此,看一回便复现一回,这画存在,我的趣味便永远存在。不惟如此,还有许多我们从前不注意,赏会不出的,他都写出来,指导我们赏会的路。我们多看几次,便懂得赏会方法,往后碰着种种美境,我们也增加许多赏会资料了。这是美术给我们趣味的第一件。

美术中有刻画心态的一派,把人的心理看穿了,喜怒哀乐都活跃在纸上。本来是日常习见的事,但因他写的唯妙唯肖,便不知不觉间把我们的心弦拨动,我快乐时看他便增加快乐,我苦痛时看他便减少苦痛。这是美术给我们趣味的第二件。

美术中有不写实境实态,而纯凭理想构造成的。有时我们想构一境,自觉模糊,断续不能构成,被他都替我表现了,而且他所构的境界种种色色,有许多为我们所万想不到;而且他所构的境界优美高尚,能把我们卑下平凡的境界压下去。他有魔力,能引我们跟着他走,闯进他所到之地,我们看他的作品时,便和他同住一个超越的自由天地。这是美术给我们趣味的第三件。

要而论之,审美本能是我们人人都有的,但感觉器官不常用,或不会用,久而久之麻木了。一个人麻木,那人便成了没趣的人;一民族麻木,那民族便成了没趣的民族。美术的功用,在把这种麻木状态恢复过来,令没趣变为有趣。换句话说,是把那渐渐坏掉的爱美胃口,替他复原,令他常常吸收趣味的营养，以维持增进自己的生活康健。明白这种道理，便知美术这样东西在人类文化系统上该占何等位置了。

以上是专就一般人说，若就美术家自身说，他们的趣味生活，自然更与众不同了，他们的美感比我们锐敏若干倍，正如《牡丹亭》说的"我常一生儿爱好是天然"。我们领略不着的趣味，他们都能领略，领略够了，终把些唾余分赠我们。分赠了我们，他们自己并没有一毫破费，正如《老子》说的"既以为人己愈有，既以与人己愈多"。假使"人生生活于趣味"这句话不错，他们的生活真是理想生活了。

今日的中国，一方面要多出些供给美术的美术家，一方面要普及养成享用美术的美术人。这两件事都是美术专门学校的责任，然而该怎样地督促、赞助美术专门学校，叫它完成这责任，又是教育界，乃至一般市民的责任。我希望海内美术大家和我们不懂美术的门外汉各尽责任做去。

蔡元培

蔡元培（1868—1940），今浙江绍兴人，革命家、科学家、教育家，曾任北京大学校长。代表作品《蔡元培自述》《中国伦理学史》等。

理想论

（选自《中学修身教科书》商务印书馆1912年版）

总　论

　　权然后知轻重，度然后知长短，凡两相比较者，皆不可无标准。今欲即人之行为，而比较其善恶，将以何者为标准乎？曰：至善而已；理想而已；人生之鹄而已。三者其名虽异，而核之于伦理学，则其义实同。何则？实现理想，而进化不已，即所以近于至善，而以达人生之鹄也。

　　持理想之标准，而判断行为之善恶者，谁乎？良心也。行为犹两造，理想犹法律，而良心则司法官也。司法官标准法律，而判断两造之是非，良心亦标准理想，而判断行为之善恶也。

　　夫行为有内在之因，动机是也；又有外在之果，动作是也。今即行为而判断之者，将论其因乎？抑论其果乎？此为古今伦理学者之所聚讼。而吾人所见，则已于《良心论》中言之。盖行为之果，或非人所能预料，而动机则又止于人之欲望之所注，其所以达其欲望者，犹未具也。故两者均不能专为判断之对象，惟兼取动机及其预料之果，乃得而判断之，是之谓志向。

　　吾人既以理想为判断之标准，则理想者何谓乎？曰：窥现在之缺陷而求将来之进步，冀由是而驯至于至善之理想是也。故其理想，不特人各不同，即同一人也，亦复循时而异，如野人之理想，在足其衣食；而识者之理想，在餍于道义，此因人而异者也。吾前日之所是，及今日而非之；吾今日之所是，及他日而又非之，此一人之因时而异者也。

理想者，人之希望，虽在其意识中，而未能实现之于实在，且恒与实在者相反，及此理想之实现，而他理想又从而据之，故人之境遇日进步，而理想亦随而益进。理想与实在，永无完全符合之时，如人之夜行，欲踏己影而终不能也。

惟理想与实在不同，而又为吾人必欲实现之境，故吾人有生生不息之象。使人而无理想乎，夙兴夜寐，出作人息，如机械然，有何生趣？是故人无贤愚，未有不具理想者。惟理想之高下，与人生品行，关系至巨。其下者，囿于至浅之乐天主义，奔走功利，老死而不变；或所见稍高，而欲以至简之作用达之，及其不果，遂意气沮丧，流于厌世主义，且有因而自杀者，是皆意力薄弱之故也。吾人不可无高尚之理想，而又当以坚忍之力向之，日新又新，务实现之而后已，斯则对于理想之责任也。

理想之关系，如是其重也，吾人将以何者为其内容乎？此为伦理学中至大之问题，而古来学说之所以多歧者也。今将述各家学说之概略，而后以吾人之意见抉定之。

快乐说

自昔言人生之鹄者，其学说虽各不同，而可大别为三：快乐说，克己说，实现说，是也。

以快乐为人生之鹄者，亦有同异。以快乐之种类言，或主身体之快乐，或主精神之快乐，或兼二者而言之。以享此快乐者言，或主独乐，或主公乐。主公乐者，又有舍己徇人及人己同乐之别。

以身体之快乐为鹄者，其悖谬盖不待言。彼夫无行之徒，所以丧产业，损名誉，或并其性命而不顾者，夫岂非殉于身体之快乐故耶？且身体之快乐，人所同喜，不待教而后知，亦何必揭为主义以张之？徒足以助纵欲败度者之焰，而诱之于陷阱耳。血气方壮之人，幸毋为所惑焉。

独乐之说，知有己而不知有人，苟吾人不能离社会而独存，则其说决不足以为道德之准的，而舍己徇人之说，亦复不近人情，二者皆可以舍而不论也。

人我同乐之说，亦谓之功利主义，以最多数之人，得最大之快乐，为其鹄者也。彼以为人之行事，虽各不相同，而皆所以求快乐，即为蓄财产养名誉者，时或耐艰苦而不辞，要亦以财产名誉，足为快乐之预备，故不得不舍目前之小快乐，以预备他日之大快乐耳。而要其趋于快乐则一也，故人不可不以最多数人得最大快乐为理想。

夫快乐之不可以排斥，固不待言。且精神之快乐，清白高尚，尤足以鼓励人生，而慰藉之于无聊之时。其裨益于人，良非浅鲜。惟是人生必以最多数之人，享最大之快乐为鹄者，何为而然欤？如仅曰社会之趋势如是而已，则尚未足以为伦理学之义证。且快乐者，意识之情状，其浅深长短，每随人而不同，我之所乐，人或否之；人之所乐，亦未必为我所赞成。所谓最多数人之最大快乐者，何由而定之欤？持功利主义者，至此而穷矣。

盖快乐之高尚者，多由于道德理想之实现，故快乐者，实行道德之效果，而非快乐即道德也。持快乐说者，据意识之状况，而揭以为道德之主义，故其说有不可通者。

克己说

反对快乐说而以抑制情欲为主义者，克己说也。克己说中，又有遏欲与节欲之别。遏欲之说，谓人性本善，而情欲淆之，乃陷而为恶。故欲者，善之敌也。遏欲者，可以去恶而就善也。节欲之说，谓人不能无欲，徇欲而忘返，乃始有放僻邪侈之行，故人必有所以节制其欲者而后可，理性是也。

又有为良心说者，曰：人之行为，不必别立标准，比较而拟议之，宜以简直之法，质之于良心。良心所是者行之，否者斥之，是亦不外乎使情欲受制于良心，亦节欲说之流也。

遏欲之说，悖乎人情，殆不可行。而节欲之说，亦尚有偏重理性而疾视感情之弊。且克己诸说，虽皆以理性为中坚，而于理性之内容，不甚研求，相竞于避乐就苦之作用，而能事既毕，是仅有消极之道德，而无积极之道德也。东方诸国，自昔偏重其说，因以妨私人之发展，而阻国运之伸张者，其弊颇多。其不足以为完全之学说，盖可知矣。

实现说

快乐说者，以达其情为鹄者也；克己说者，以达其智为鹄者也。人之性，既包智、情、意而有之，乃舍其二而取其一，揭以为人生之鹄。不亦偏乎？必也举智、情、意三者而悉达之，尽现其本性之能力于实在，而完成之，如是者，始可以为人生之鹄。此则实现说之宗旨，而吾人所许为纯粹之道德主义者也。

人性何由而完成？曰：在发展人格。发展人格者，举智、情、意而统一之光明之之谓也。盖吾人既非木石，又非禽兽，则自有所以为人之品格，是谓人格。发展人格，不外乎改良其品格而已。

人格之价值，即以为人之价值也。世界一切有价值之物，无足以拟之者，故为无对待之价值，虽以数人之人格言之，未尝不可为同异高下之比较；而自一人言，则人格之价值，不可得而数量也。

人格之可贵如此，故抱发展人格之鹄者，当不以富贵而淫，不以贫贱而移，不以威武而屈。死生亦大矣，而自昔若颜真卿、文天祥辈，以身殉国，曾不踌躇，所以保全其人格也。人格既堕，则生亦胡颜；人格无亏，则死而不朽。孔子曰："朝闻道，夕死可矣。"良有以也。

自昔有天道福善祸淫之说，世人以跖蹻之属，穷凶而考终；夷齐之伦，求仁而饿死，则辄谓天道之无知，是盖见其一而不见其二者。人生数十寒暑耳，其间穷通得失，转瞬而逝；而盖棺论定，或流芳百世，或遗臭万年，人格之价值，固历历不爽也。

人格者，由人之努力而进步，本无止境，而其寿命，亦无限量焉。向使孔子当时为桓魋所杀,孔子之人格,终为百世师。苏格拉底虽仰毒而死,然其人格,至今不灭。人格之寿命,何关于生前之境遇哉。

  发展人格之法,随其人所处之时地而异,不必苟同,其致力之所,即在本务,如前数卷所举,对于自己、若家族、若社会、若国家之本务皆是也。而其间所尤当致意者,为人与社会之关系。盖社会者,人类集合之有机体。故一人不能离社会而独存,而人格之发展,必与社会之发展相应。不明乎此,则有以独善其身为鹄,而不措意于社会者。岂知人格者,谓吾人在社会中之品格,外乎社会,又何所谓人格耶?

世界观与人生观

（1912年冬发表于巴黎《民德杂志》创刊号，1913年4月转载于《东方杂志》第9卷第10号）

世界无涯涘也，而吾人乃于其中占有数尺之地位；世界无终始也，而吾人乃于其中占有数十年之寿命；世界之迁流，如是其繁变也，而吾人乃于其中占有少许之历史。以吾人之一生较之世界，其大小久暂之相去，既不可以数量计；而吾人一生，又决不能有几微遁出于世界以外。则吾人非先有一世界观，绝无所喙于人生观。

虽然，吾人既为世界之一分子，决不能超出世界以外，而考察一客观之世界，则所谓完全之世界观，何自而得之乎？曰：凡分子必具有全体之本性，而既为分子，则因其所值之时地而发生种种特性；排去各分子之特性，而得一通性，则即全体之本性矣。吾人为世界一分子，凡吾人意识所能接触者，无一非世界之分子。研究吾人之意识，而求其最后之元素，为物质及形式。物质及形式，犹相对待也。超物质形式之畛域而自在者，惟有意志。于是吾人得以意志为世界各分子之通性，而即以是为世界之本性。

本体世界之意志，无所谓鹄的也。何则？一有鹄的，则悬之有其所，达之有其时，而不得不循因果律以为达之之方法，是仍落于形式之中，含有各分子之特性，而不足以为本体。故说者以本体世界为黑暗之意志，或谓之盲瞽之意志，皆所以形容其异于现象世界各个之意志也。现象世界各个之意志则以回向本体为最后之大鹄的，其间接以达于此大鹄的者又有无量数之小鹄的，各以其间接于最后大鹄的之远近为其大小之差。

最后之大鹄的何在？曰：世界之各分子，息息相关，无复有彼此之差别，达于现象世界与本体世界相交之一点是也。自宗教家言之，吾人固未尝不可于一瞬间，超轶现象世界种种差别之关系，而完全成立为本体世界之大我。然吾人于此时期，既尚有语言文字之交通，则已受范于渐法之中，而不以顿法，于是不得不有所谓种种间接之作用，缀辑此等间接作用，使厘然有系统可寻者，进化史也。

统大地之进化史而观之，无机物之各质点，自自然引力外，殆无特别相互之关系。进而为有机之植物，则能以质点集合之机关，共同操作，以行其延年传种之作用。进而为动物，则又于同种类间为亲子朋友之关系，而其分职通功之例，视植物为繁。及进而为人类，则由家庭而宗族、而社会、而国家、而国际，其互相关系之形式，既日趋于博大，而成绩所留，随举一端，皆有自阂而通、自别而同之趋势。例如昔之工艺，自造之而自用之耳。今则一人之所享受，不知经若干人之手而后成；一人之所操作，不知供若干人之利用。昔之知识，取材于乡土志耳。今则自然界之记录，无远弗届。远之星体之运行，小之原子之变化，皆为科学所管领。由考古学、人类学之互证，而知开明人之祖先，与未开化人无异。由进化学之研究，而知人类之祖先与动物无异。是以语言、风俗、宗教、美术之属，无不合大地之人类以相比较。而动物心理、动物言语之属，亦渐为学者所注意。昔之同情，及最近者而止耳。是以同一人类，或状貌稍异，即痛痒不复相关，而甚至于相食。其次则死之，奴之。今则四海兄弟之观念，为人类所公认。而肉食之戒，虐待动物之禁，以渐流布。所谓仁民而爱物者，已成为常识焉。夫已往之世界，经其各分子之经营而进步者，其成绩固已如此。过此以往，不亦可比例而知之欤。

道家之言曰："知足不辱，知止不殆。"又曰："小国寡民，使有什伯之器而不用，使民重死而不远徙，虽有舟舆，无所乘之。虽有甲兵，无所陈之。使民复结绳而用之。甘其食，美其服，安其居，乐其俗。邻国相望，鸡狗之声相闻，民至老死而不相往来。"此皆以目前之幸福言之也。自进化史考之，则人类精神之趋势，乃适与相反。人满之患，虽自昔借为口实，而自昔探险新地者，率生于好奇心，而非为饥寒所迫。南北极苦寒之所，未必于吾侪生活有直接利用之资料，而冒险探极者踵相接。由推轮而大辂，由桴槎而方舟，足以济不通矣，乃必进而为汽车、汽船及自行车之属。近则飞艇、飞机，更为竞争之的。其构造之初，必有若干之试验者供其牺牲，而初不以及身之不及利用而生悔。文学家、美术家最高尚之著作，被崇拜者或在死后，而初不以及身之不得信用而辍业。用以知：为将来牺牲现在者，又人类之通性也。

人生之初，耕田而食，凿井而饮，谋生之事，至为繁重，无暇为高尚之思想。自机械发明，交通迅速，资生之具，日趋于便利。循是以往，必有菽粟如水火之一日，使人类不复为口腹所累，而得专致力于精神之修养。今虽尚非其时，而纯理之科学，高尚之美术，笃嗜者固已有甚于饥渴，是即他日普及之朕兆也。科学者，所以祛现象世界之障碍，而引致于光明。美术者，所以写本体世界之现象，而提醒其觉性。人类精神之趋向，既毗于是，则其所到达之点，盖可知矣。

然则进化史所以诏吾人者：人类之义务，为群伦不为小己，为将来不为现在，为精神之愉快而非为体魄之享受，固已彰明而较著矣。而世之误读进化史者，乃以人类之大鹄的，为不外乎其一身与种姓之生存，而遂以强者权利为无上之道德。夫使人类果以一身之生存为最大之鹄的，则将如神仙家所主张，而又何有于种姓？如曰人类固以绵延其种姓为最后之鹄的，则必以保持其单纯之种姓为第一义，而同姓相婚，其生不蕃。古今开明民族，往往有几许之混合者。是两者何足以为究竟之鹄的乎？孔子曰："生无所息。"庄子曰："造物劳我以生。"诸葛孔明曰："鞠躬尽瘁，死而后已。"是吾身之所以欲生存也。北山愚公之言曰："虽我之死，有子存焉。子又生孙，孙又生子，子子孙孙，无穷匮也；而山不加增，何若而不平？"是种姓之所以欲生存也。人类以在此世界有当尽之义务，不得不生存其身体；又以此义务者非数十年之寿命所能竣，而不得不谋其种姓之生存；以图其身体若种姓之生存，而不能不有所资以营养，于是有吸收之权利。又或吾人所以尽义务之身体若种姓，及夫所资以生存之具，无端受外界之侵害，将坐是而失其所以尽义务之自由，于是有抵抗之权利。此正负两式之权利，皆由义务而演出者也。今日：吾人无所谓义务，而权利则可以无限。是犹同舟共济，非合力不足以达彼岸，乃强有者所持之棹楫以进行为多事，而劫他人所持之棹楫以为己有，岂非颠倒之尤者乎。

昔之哲人，有见于大鹄的之所在，而于其他无量数之小鹄的，又准其距离于大鹄的之远近，以为大小之差。于其常也，大小鹄的并行而不悖。孔子曰："己欲立而立人，己欲达而达人。"孟子曰："好乐，好色，好货，与人同之。"是其义也。于其变也，绌小以申大。尧知子丹朱之不肖，不足授天下。授舜则天下得其利而丹朱病，授丹朱则天下病而丹朱得其利。尧曰，终不以天下之病而利一人，而卒授舜以天下。禹治洪水，十年不窥其家。孔子曰："志士仁人，无求生以害仁，有杀身以成仁。"墨子摩顶放踵，利天下为之。孟子曰："生与义不可得兼，舍生而取义。"范文正曰："一家哭，何如一路哭。"是其义也。循是以往，则所谓人生者，始合于世界进化之公例，而有真正之价值。否则，庄生所谓天地之委形委蜕已耳，何足选也。

我的新生活观

（选自《蔡孑民先生言行录》新潮社 1920 年版）

什么叫旧生活？是枯燥的，是退化的。什么叫新生活？是丰富的，是进步的。旧生活的人，是一部分不作工，又不求学的，终日把吃喝嫖赌作消遣。物质上一点也没有生产，精神上也一点没有长进。有一部分是整日作苦工，没有机会求学，身体上疲乏得了不得，所作的工是事倍功半，精神上得过且过，岂不全是枯燥的吗？不作工的人，体力是逐渐衰退了；不求学的人，心力又逐渐萎靡了；一代传一代，更衰退，更萎靡，岂不全是退化吗？新生活是每一个人，每日有一定所作工，又有一定的时候求学，所以制品日日增加。还不是丰富的吗？工是愈练愈熟的，熟了出产必能加多；而且"熟能生巧"，就能增出新工作来。学是有一部分讲现在作工的道理，懂了这个道理，工作必能改良。又有一部分讲别种工作的道理，懂了那种道理，又可以改良别种的工。从简单的工改到复杂的工；从容易的工改到繁难的工。从出产较少的工改到出产较多的工。而且有一种学问，虽然与工作没有直接的关系，但是学了以后，眼光一日一日地远大起来，心地一日一日地平和起来，生活上无形中增进许多幸福。这还不是进步的吗？要是有一个人肯日日作工，日日求学，便是一个新生活的人；有一个团体里的人，都是日日作工，日日求学，便是一个新生活的团体；全世界的人都是日日作工，日日求学，那就是新生活的世界了。

蔡元培

义务与权利

（1919年12月7日在北京女子高等师范学校[①]的演说词）

贵校成立，于兹十载，毕业生之服务于社会者，甚有声誉，鄙人甚所钦佩。今日承方校长属以演讲，鄙人以诸君在此受教，是诸君之权利，而毕业以后即当任若干年教员，即诸君之义务，故愿为诸君说义务与权利之关系。

权利者，为所有权、自卫权等，凡有利于己者，皆属之。义务则凡尽吾力而有益于社会者皆属之。

普通之见，每以两者为互相对待，以为既尽某种义务，则可以要求某种权利，既享某种权利，则不可不尽某种义务。如买卖然，货物与金钱，其值相当是也。然社会上每有例外之状况，两者或不能兼得，则势必偏重其一。如杨朱为我，不肯拔一毛以利天下；德国之斯梯纳（Stirner）及尼采（Nietsche）等，主张惟我独尊，而以利他主义为奴隶之道德。此偏重权利之说也。墨子之道，节用而兼爱；孟子曰，生与义不可得兼，舍生而取义。此偏重义务之说也。今欲比较两者之轻重，以三者为衡。

（一）以意识之程度衡之。下等动物，求食物，卫生命，权利之意识已具；而互助之行为，则于较为高等之动物始见之。昆虫之中，蜂、蚁最为进化。其中雄者能传种而不能作工。传种既毕，则工蜂、工蚁刺杀之，以其义务无可再尽，即不认其有何等权利也。人之初生，即知吮乳，稍长则饥而求食，寒而求衣，权利之意义具，而义务之意识未萌。及其长也，始知有对于权利之义务。且进而有公而忘私、国而忘家之意识。是权利之意识，较为幼

[①] 北京女子高等师范学校：即北京师范大学的前身。

稚；而义务之意识，较为高尚也。

（二）以范围之广狭衡之。无论何种权利，享受者以一身为限；至于义务，则如振兴实业、推行教育之类，享其利益者，其人数可以无限。是权利之范围狭，而义务之范围广也。

（三）以时效之久暂衡之。无论何种权利，享受者以一生为限。即如名誉，虽未尝不可认为权利之一种，而其人既死，则名誉虽存而所含个人权利之性质，不得不随之而消灭。至于义务，如禹之治水，雷绥佛（Lessevs）之凿苏伊士河，汽机、电机之发明，文学家、美术家之著作，则其人虽死而效力常存。是权利之时效短而义务之时效长也。

由是观之，权利轻而义务重。且人类实为义务而生存。例如人有子女，即生命之派分，似即生命权之一部。然除孝养父母之旧法而外，曾何权利之可言？至于今日，父母已无责备子女以孝养之权利，而饮食之教诲之，乃为父母不可逃之义务。且列子称愚公之移山也曰："虽我之死，有子存焉。子又生孙，孙又生子，子子孙孙，无穷匮也，而山不加增，何苦而不平？"虽为寓言，实含至理。盖人之所以有子孙者，为夫生年有尽，而义务无穷，不得不以子孙为延续生命之方法，而于权利无关。是即人之生存，为义务而不为权利之证也。

惟人之生存，既为义务，则何以又有权利？曰：盖义务者在有身，而所以保持此身，使有以尽义务者，曰权利。如汽机然，非有燃料，则不能作工。权利者，人身之燃料也。故义务为主而权利为从。

义务为主，则以多为贵，故人不可以不勤。权利为从，则适可而止，故人不可以不俭。至于捐所有财产以助文化之发展，或冒生命危险而探南北极、试航空术，则皆可为善尽义务者。其他若厌世而自杀，实为放弃义务之行为，故伦理学家常非之。然若其人既自知无再尽义务之能力，而坐享权利或反以其特别之疾病若罪恶，贻害于社会，则以自由意志而决然自杀，亦有可谅者。

独身主义亦然，与谓为放弃权利，毋宁谓为放弃义务。然若有重大之义务，将竭毕生之精力以达之，而不愿为室家所累，又或自忖体魄在优种学上者不适于遗传之理由，而决然抱独身主义，亦有未可厚非者。

今欲进而言诸君之义务矣。闻诸君中颇有以毕业后必尽教员之义务为苦者。然此等义务，实为校章所定。诸君入校之初，既承认此校章矣。若于校中既享有种种之权利，而竟放弃其义务，如负债不偿然，于心安乎？毕业以后，固亦有因结婚之故而家务校务不能兼顾者。然胡彬夏[①]女士不云乎："女子尽力社会之暇，能整理家事，斯为可贵。"是在善于调度而已。我国家庭之状况，烦琐已极，诚有使人应接不暇之苦。然使改良组织，日就简单，亦未尝不可分出时间，以服务于社会。又或约集同志，组织公育儿童之机关，使有终身从事教育之机会，亦无不可。在诸君勉之而已。

---

① 胡彬夏：中国首批赴美女性留学生之一，与王季茞、曹芳芸和宋庆龄同行。曾创立"共爱会"，担任商务印书馆《妇女杂志》主编。积极倡导"振兴女学，恢复女权"，并参与中华职业教育社的发起，致力于通过职业教育让女性获取知识。

美育与人生

（原载于1930年12月1日《现代学生》杂志第1卷第3期）

人的一生，不外乎意志的活动，而意志是盲目的，其所恃以为较近之观照者，是知识；所以供远照、旁照之用者，是感情。

意志之表现为行为。行为之中，以一己的卫生而免死、趋利而避害者为最普通；此种行为，仅仅普通的知识，就可以指导了。进一步的，以众人的生及众人的利为目的，而一己的生与利即托于其中。此种行为，一方面由于知识上的计较，知道众人皆死而一己不能独生；众人皆害而一己不能独利。又一方面，则亦受感情的推动，不忍独生以坐视众人的死，不忍专利以坐视众人的害。更进一步，于必要时，愿舍一己的生以救众人的死；愿舍一己的利以去众人的害，把人我的分别，一己生死利害的关系，统统忘掉了。这种伟大而高尚的行为，是完全发动于感情的。人人都有感情，而并非都有伟大而高尚的行为，这由于感情推动力的薄弱。要转弱而为强，转薄而为厚，有待于陶养。陶养的工具，为美的对象，陶养的作用，叫作美育。

美的对象，何以能陶养感情？因为他有两种特性：一是普遍；二是超脱。

一瓢之水，一人饮了，他人就没得分润；容足之地，一人占了，他人就没得并立；这种物质上不相入的成例，是助长人我的区别、自私自利的计较的。转而观美的对象，就大不相同。凡味觉、嗅觉、肤觉之含有质的关系者，均不以美论；而美感的发动，乃以摄影及音波辗转传达之视觉与听觉为限。所以纯然有"天下为公"之概；名山大川，人人得而游览；夕阳明月，人人得而赏玩；公园的造像，美术馆的图画，人人得而畅观。齐宣王称"独乐乐不若与人乐乐"，"与少乐乐不若与众乐乐"；陶渊明称"奇文共欣赏"，这都是美的普遍性的证明。

植物的花，不过为果实的准备；而梅、杏、桃、李之属，诗人所咏叹的，以花为多。专供赏玩之花，且有因人择的作用，而不能结果的。动物的毛羽，所以御寒，人固有制裘、织呢的习惯；然白鹭之羽，孔雀之尾，乃专以供装饰。宫室可以避风雨就好了，何以要雕刻与彩画？器具可以应用就好了，何以要图案？语言可以达意就好了，何以要特制音调的诗歌？可以证明美的作用，是超越乎利用的范围的。

既有普遍性以打破人我的成见，又有超脱性以透出利害的关系；所以当着重要关头，有"富贵不能淫，贫贱不能移，威武不能屈"的气概；甚至有"杀身以成仁"而不"求生以害仁"的勇敢；这种是完全不由于知识的计较，而由于感情的陶养，就是不源于智育，而源于美育。

所以吾人固不可不有一种普通职业，以应利用厚生的需要；而于工作的余暇，又不可不读文学，听音乐，参观美术馆，以谋知识与感情的调和，这样，才算是认识人生的价值了。

修 己

(选自《中学修身教科书》商务印书馆1912年版)

总 论

　　人之生也，不能无所为，而为其所当为者，是谓道德。道德者，非可以猝然而袭取也，必也有理想，有方法。修身一科，即所以示其方法者也。①

　　夫事必有序，道德之条目，其为吾人所当为者同，而所以行之之方法，则不能无先后，所谓先务者，修己之道是已。

　　吾国圣人，以孝为百行之本，小之一人之私德，大之国民之公义，无不由是而推演之者，故曰惟孝友于兄弟，施于有政，由是而行之于社会，则宜尽力于职分之所在，而于他人之生命若财产若名誉，皆护惜之，不可有所侵毁。行有余力，则又当博爱及众，而勉进公益，由是而行之于国家，则于法律之所定，命令之所布，皆当恪守而勿违。而有事之时，又当致身于国，公而忘私，以尽国民之义务，是皆道德之教所范围，为吾人所不可不勉者也。

　　夫道德之方面，虽各个不同，而行之则在己。知之而不行，犹不知也；知其当行矣，而未有所以行此之素养，犹不能行也。怀邪心者，无以行正义；贪私利者，无以图公益。未有自欺而能忠于人，自侮而能敬于人者。故道德之教，虽统各方面以为言，而其本则在乎修己。

　　修己之道不一，而以康强其身为第一义。身不康强，虽有美意，无自而达也。康矣强矣，而不能启其知识，练其技能，则奚择于牛马；故又不可以

---

① 作者在此批注："仅说到国家而止。"

蔡元培

不求知能。知识富矣，技能精矣，而不率之以德性，则适以长恶而遂非，故又不可以不养德性。是故修己之道，体育、知育、德育三者，不可以偏废也。

体 育

凡德道以修己为本，而修己之道，又以体育为本。

忠孝，人伦之大道也，非康健之身，无以行之。人之事父母也，服劳奉养，惟力是视，羸弱而不能供职，虽有孝思奚益？况其以疾病贻父母忧乎？其于国也亦然。国民之义务，莫大于兵役，非强有力者，应征而不及格，临阵而不能战，其何能忠？且非特忠孝也。一切道德，殆皆非羸弱之人所能实行者。苟欲实践道德，宣力国家，以尽人生之天职，其必自体育始矣。

且体育与智育之关系，尤为密切，西哲有言：康强之精神，必寓于康强之身体。不我欺也。苟非狂易，未有学焉而不能知，习焉而不能熟者。其能否成立，视体魄如何耳。也尝有抱非常之才，且亦富于春秋，徒以体魄孱弱，力不逮志，奄然与凡庸伍者，甚至或盛年废学，或中道夭逝，尤可悲焉。

夫人之一身，本不容以自私，盖人未有能遗世而独立者。无父母则无我身，子女之天职，与生俱来。其他兄弟夫妇朋友之间，亦各以其相对之地位，而各有应尽之本务。而吾身之康强与否，即关于本务之尽否。故人之一身，对于家族若社会若国家，皆有善自摄卫之责。使傲然曰：我身之不康强，我自受之，于人无与焉。斯则大谬不然者也。

人之幼也，卫生之道，宜受命于父兄。及十三四岁，则当躬自注意矣。请述其概：一曰节其饮食；二曰洁其体肤及衣服；三曰时其运动；四曰时其寝息；五曰快其精神。

少壮之人，所以损其身体者，率由于饮食之无节。虽当身体长育之时，饮食之量，本不能以老人为例，然过量之忌则一也。使于饱食以后，尚歆于旨味而恣食之，则其损于身体，所不待言。且既知饮食过量之为害，而一时为食欲所迫，不及自制，且致养成不能节欲之习惯，其害尤大，不可以不慎也。

少年每喜于闲暇之时，杂食果饵，以致减损其定时之餐饭，是亦一弊习。医家谓成人之胃病，率基于是，是乌可以不戒欤？

酒与烟，皆害多而利少。饮酒渐醉，则精神为之惑乱，而不能自节。能慎之于始而不饮，则无虑矣。吸烟多始于游戏，及其习惯，则成癖而不能废。故少年尤当戒之。烟含毒性，卷烟一枚，其所含毒分，足以毙雀二十尾。其毒性之剧如此，吸者之受害可知矣。

凡人之习惯，恒得以他习惯代之。饮食之过量，亦一习惯耳。以节制食欲之法矫之，而渐成习惯，则旧习不难尽去也。

清洁为卫生之第一义，而自清洁其体肤始。世未有体肤既洁，而甘服垢污之衣者。体肤衣服洁矣，则房室庭园，自不能任其芜秽，由是集清洁之家而为村落为市邑，则不徒足以保人身之康强，而一切传染病，亦以免焉。

且身体衣服之清洁，不徒益以卫生而已，又足以优美其仪容，而养成善良之习惯，其裨益于精神者，亦复不浅。盖身体之不洁，如蒙秽然，以是接人，亦不敬之一端。而好洁之人，动作率有秩序，用意亦复缜密，习与性成，则有以助勤勉精明之美德。借形体以范精神，亦缮性之良法也。

运动亦卫生之要义也。所以助肠胃之消化，促血液之循环，而爽朗其精神者也。凡终日静坐偃卧而怠于运动者，身心辄为之不快，驯致食欲渐减，血色渐衰，而元气亦因以消耗。是故终日劳心之人，尤不可以不运动。运动之时间，虽若靡费，而转为勤勉者所不可吝，此亦犹劳作者之不能无休息也。

凡人精神抑郁之时，触物感事，无一当意，大为学业进步之阻力。此虽半由于性癖，而身体机关之不调和，亦足以致之。时而游散山野，呼吸新空气，则身心忽为之一快，而精进之力顿增。当春夏假期，游历国中名胜之区，此最有益于精神者也。

是故运动者，所以助身体机关之作用，而为勉力学业之预备，非所以恣意而纵情也。故运动如饮食然，亦不可以无节。而学校青年，于蹴鞠竞渡之属，投其所好，则不惜注全力以赴之，因而毁伤身体，或酿成疾病者，盖亦有之，此则失运动之本意矣。

凡劳动者，皆不可以无休息。睡眠，休息之大者也，宜无失时，而少壮尤甚。世或有勤学太过，夜以继日者，是不可不戒也。睡眠不足，则身体为之衰弱，而驯致疾病，即幸免于是，而其事亦无足取。何则？睡眠不足者，精力既疲，即使终日研求，其所得或尚不及起居有时者之半，徒自苦耳。惟睡眠过度，则亦足以酿惰弱之习，是亦不可不知者。

精神者，人身之主动力也。精神不快，则眠食不适，而血气为之枯竭，形容为之憔悴，驯以成疾，是亦卫生之大忌也。夫顺逆无常，哀乐迭生，诚人生之常事，然吾人务当开豁其胸襟，清明其神志，即有不如意事，亦当随机顺应，而不使留滞于意识之中，则足以涵养精神，而使之无害于康强矣。

康强身体之道，大略如是。夫吾人之所以斤斤于是者，岂欲私吾身哉？诚以吾身者，因对于家族若社会若国家，而有当尽之义务者也。乃昧者，或以情欲之感，睚眦之忿，自杀其身，罪莫大焉。彼或以一切罪恶，得因自杀而消灭，是亦以私情没公义者。惟志士仁人，杀身成仁，则诚人生之本务，平日所以爱惜吾身者，正为此耳。彼或以衣食不给，且自问无益于世，乃以一死自谢，此则情有可悯，而其薄志弱行，亦可鄙也。人生至此，要当百折不挠，排艰阻而为之，精神一到，何事不成？见险而止者，非夫也。

习　惯

习惯者，第二之天性也。其感化性格之力，犹朋友之于人也。人心随时而动，应物而移，执毫而思书，操缦而欲弹，凡人皆然，而在血气未定之时为尤甚。其于平日亲炙之事物，不知不觉，浸润其精神，而与之为至密之关系，所谓习与性成者也。故习惯之不可不慎，与朋友同。

江河成于涓流，习惯成于细故。昔北美洲有一罪人，临刑慨然曰：吾所以罹兹罪者，由少时每日不能决然早起故耳。夫早起与否，小事也，而此之不决，养成因循苟且之习，则一切去恶从善之事，其不决也犹是，是其所以陷于刑戮也。是故事不在小，苟其反复数次，养成习惯，则其影响至大，其于善否之间，乌可以不慎乎？第使平日注意于善否之界，而养成其去彼就此之习惯，则将不待勉强，而自进于道德。道德之本，固不在高远而在卑近也。自洒扫应对进退，以及其他一事一物一动一静之间，无非道德之所在。彼夫道德之标目，曰正义，曰勇往，曰勤勉，曰忍耐，要皆不外乎习惯耳。

礼仪者，交际之要，而大有造就习惯之力。夫心能正体，体亦能制心。是以平日端容貌，正颜色，顺辞气，则妄念无自而萌，而言行之忠信笃敬，有不期然而然者。孔子对颜渊之问仁，而告以非礼勿视，非礼勿听，非礼勿言，非礼勿动。由礼而正心，诚圣人之微旨也。彼昧者，动以礼仪为虚饰，袒裼披猖，号为率真，而不知威仪之不摄，心亦随之而化，渐摩既久，则放僻邪侈，不可收拾，不亦谬乎。

勤　勉

勤勉者，良习惯之一也。凡人所勉之事，不能一致，要在各因其地位境遇，而尽力于其职分，是亦为涵养德性者所不可缺也。凡勤勉职业，则习于顺应之道，与节制之义，而精细寻耐诸德，亦相因而来。盖人性之受害，莫甚于怠惰。怠惰者，众恶之母。古人称小人闲居为不善，盖以此也。不唯小人也，虽在善人，苟其饱食终日，无所事事，则必由佚乐而流于游惰。于是鄙猥之情，邪僻之念，乘间窃发，驯致滋蔓而难图矣。此学者所当戒也。

人之一生，凡德行才能功业名誉财产，及其他一切幸福，未有不勤勉而可坐致者。人生之价值，视其事业而不在年寿。尝有年登期耋，而悉在醉生梦死之中，人皆忘其为寿。亦有中年丧逝，而树立卓然，人转忘其为夭者。是即勤勉与不勤勉之别也。夫桃梨李栗，不去其皮，不得食其实。不勤勉者，虽小利亦无自而得。自昔成大业、享盛名，孰非有过人之勤力者乎？世非无以积瘁丧其身者，然较之汩没于佚乐者，仅十之一二耳。勤勉之效，盖可睹矣。

蔡元培

自 制

自制者，节制情欲之谓也。情欲本非恶名，且高尚之志操，伟大之事业，亦多有发源于此者。然情欲如骏马然，有善走之力，而不能自择其所向，使不加控御，而任其奔逸，则不免陷于沟壑，撞于岩墙，甚或以是而丧其生焉。情欲亦然，苟不以明清之理性，与坚定之意志节制之，其害有不可胜言者。不特一人而已。苟举国民而为情欲之奴隶，则夫政体之改良，学艺之进步，皆不可得而期，而国家之前途，不可问矣。此自制之所以为要也。

自制之目有三：节体欲，一也；制欲望，二也；抑热情，三也。

饥渴之欲，使人知以时饮食，而荣养其身体。其于保全生命，振作气力，所关甚大。然耽于厚味而不知餍饫，则不特妨害身体，且将汩没其性灵，昏惰其志气，以酿成放佚奢侈之习。况如沉湎于酒，荒淫于色，贻害尤大，皆不可不以自制之力预禁之。

欲望者，尚名誉，求财产，赴快乐之类是也。人无欲望，即生涯甚觉无谓。故欲望之不能无，与体欲同，而其过度之害亦如之。

豹死留皮，人死留名，尚名誉者，人之美德也。然急于闻达，而不顾其他，则流弊所至，非骄则诌。骄者，务扬己而抑人，则必强不知以为知，訑訑①然拒人于千里之外，徒使智日昏，学日退，而虚名终不可以久假。即使学识果已绝人，充其骄矜之气，或且凌父兄而傲长上，悖亦甚矣。诌者，务屈身以徇俗，则且为无非无刺之行，以雷同于污世，虽足窃一时之名，而不免为识者所窃笑，是皆不能自制之咎也。

小之一身独立之幸福，大之国家富强之基础，无不有借于财产。财产之增殖，诚人生所不可忽也。然世人徒知增殖财产，而不知所以用之之道，则虽藏镪百万，徒为守钱虏耳。而矫之者，又或靡费金钱，以纵耳目之欲，是皆非中庸之道也。

----
① 訑訑：音为 yí，意为洋洋自得貌。

盖财产之所以可贵，为其有利己利人之用耳。使徒事蓄积，而不知所以用之，则无益于己，亦无裨于人，与赤贫者何异？且积而不用者，其于亲戚之穷乏，故旧之饥寒，皆将坐视而不救，不特爱怜之情浸薄，而且廉耻之心无存。当与而不与，必且不当取而取，私买窃贼之赃，重取债家之息，凡丧心害理之事，皆将行之无忌，而驯致不齿于人类。此鄙吝之弊，诚不可不戒也。

顾知鄙吝之当戒矣，而矫枉过正，义取而悖与，寡得而多费，则且有丧产破家之祸。既不能自保其独立之品位，而于忠孝慈善之德，虽欲不放弃而不能，成效无存，百行俱废，此奢侈之弊，亦不必逊于鄙吝也。二者实皆欲望过度之所致，折二者之衷，而中庸之道出焉，谓之节俭。

节俭者，自奉有节之谓也，人之处世也，既有贵贱上下之别，则所以持其品位而全其本务者，固各有其度，不可以执一而律之，要在适如其地位境遇之所宜，而不逾其度耳。饮食不必多，足以果腹而已；舆服不必善，足以备礼而已，绍述祖业，勤勉不怠，以其所得，撙节[1]而用之，则家有余财，而可以恤他人之不幸，为善如此，不亦乐乎？且节俭者必寡欲，寡欲则不为物役，然后可以养德性，而完人道矣。

家人皆节俭，则一家齐；国人皆节俭，则一国安。盖人人以节俭之故，而资产丰裕，则各安其堵，敬其业，爱国之念，油然而生。否则奢侈之风弥漫，人人滥费无节，将救贫之不暇，而遑恤国家。且国家以人民为分子，亦安有人民皆穷，而国家不疲苶者。自古国家，以人民之节俭兴，而以其奢侈败者，何可胜数！如罗马之类是已。

爱快乐，忌苦痛，人之情也；人之行事，半为其所驱迫，起居动作，衣服饮食，盖鲜不由此者。凡人情可以徐练，而不可以骤禁。昔之宗教家，常有背快乐而就刻苦者，适足以戕贼心情，而非必有裨于道德。人苟善享快乐，适得其宜，亦无可厚非者。其活泼精神，鼓舞志气，乃足为勤勉之助。惟荡者流而不返，遂至放弃百事，斯则不可不戒耳。

---

[1] 撙节：节约；节省。

快乐之适度，言之非艰，而行之维艰，唯时时注意，勿使太甚，则庶几无大过矣。古人有言：欢乐极兮哀情多。世间不快之事，莫甚于欲望之过度者。当此之时，不特无活泼精神、振作志气之力，而且足以招疲劳，增疏懒，甚至悖德非礼之行，由此而起焉。世之堕品行而冒刑辟者，每由于快乐之太过，可不慎欤！

人，感情之动物也，遇一事物，而有至剧之感动，则情为之移，不遑顾虑，至忍掷对己对人一切之本务，而务达其目的，是谓热情。热情既现，苟非息心静气，以求其是非利害之所在，而有以节制之，则纵心以往，恒不免陷身于罪戾，此亦非热情之罪，而不善用者之责也。利用热情，而统治之以道理，则犹利用蒸气，而承受以精巧之机关，其势力之强大，莫能御之。

热情之种类多矣，而以忿怒为最烈。盛怒而欲泄，则死且不避，与病狂无异。是以忿怒者之行事，其贻害身家而悔恨不及者，常十之八九焉。

忿怒亦非恶德，受侮辱于人，而不敢与之校，是怯弱之行，而正义之士所耻也。当怒而怒，亦君子所有事。然而逞忿一朝，不顾亲戚，不恕故旧，辜恩谊，背理性以酿暴乱之举，而贻终身之祸者，世多有之。宜及少时养成忍耐之力，即或怒不可忍，亦必先平心而察之，如是则自无失当之忿怒，而诟詈斗殴之举，庶乎免矣。

忍耐者，交际之要道也。人心之不同如其面，苟于不合吾意者而辄怒之，则必至父子不亲，夫妇反目，兄弟相阋，而朋友亦有凶终隙末[①]之失，非自取其咎乎？故对人之道，可以情恕者恕之，可以理遣者遣之。孔子曰：躬自厚而薄责于人。即所以养成忍耐之美德者也。

忿怒之次曰傲慢，曰嫉妒，亦不可不戒也。傲慢者，挟己之长，而务以凌人；嫉妒者，见己之短，而转以尤人，此皆非实事求是之道也。夫盛德高才，诚于中则形于外。虽其人抑然不自满，而接其威仪者，畏之象之，自不容已。若乃不循其本，而摹拟剽窃以自炫，则可以欺一时，而不能持久，其

---

① 凶终隙末：友谊以双方结怨而结束，原先的友情未得善终。同"隙末凶终"。

凌蔑他人，适以自暴其鄙劣耳。至若他人之才识闻望，有过于我，我爱之重之，察我所不如者而企及之可也。不此之务，而重以嫉妒，于我何益？其愚可笑，其心尤可鄙也。

情欲之不可不制，大略如是。顾制之之道，当如何乎？情欲之盛也，往往非理义之力所能支，非利害之说所能破，而惟有以情制情之一策焉。

以情制情之道奈何？当忿怒之时，则品弄丝竹以和之；当抑郁之时，则登临山水以解之，于是心旷神怡，爽然若失，回忆忿怒抑郁之态，且自觉其无谓焉。

情欲之炽也，如燎原之火，不可向迩，而移时则自衰，此其常态也。故自制之道，在养成忍耐之习惯。当情欲炽盛之时，忍耐力之强弱，常为人生祸福之所系，所争在顷刻间耳。昔有某氏者，性卞急，方盛怒时，恒将有非礼之言动，几不能自持，则口占数名，自一至百，以抑制之，其用意至善，可以为法也。

勇　敢

勇敢者，所以使人耐艰难者也。人生学业，无一可以轻易得之者。当艰难之境而不屈不沮，必达后已，则勇敢之效也。

所谓勇敢者，非体力之谓也。如以体力，则牛马且胜于人。人之勇敢，必其含智德之原质者，恒于其完本务彰真理之时见之。曾子曰：自反而缩，虽千万人，吾往矣。是则勇敢之本义也。

求之历史，自昔社会人文之进步，得力于勇敢者为多，盖其事或为豪强所把持，或为流俗所习惯，非排万难而力支之，则不能有为。故当其冲者，非不屈权势之道德家，则必不徇嬖幸之爱国家，非不阿世论之思想家，则必不溺私欲之事业家。其人率皆发强刚毅，不戁[①]不悚。其所见为善为真者，虽遇何等艰难，决不为之气沮。不观希腊哲人苏格拉底乎？彼所持哲理，举

[①] 戁：音为 nǎn，恐惧。《诗经·商颂·长发》："不戁不竦，百禄是总。"

世非之而不顾，被异端左道之名而不惜，至仰毒以死而不改其操，至今伟之。又不观意大利硕学百里诺（Bruno，通译布鲁诺）及加里沙（Galilei，通译伽利略）乎？百氏痛斥当代伪学，遂被焚死。其就戮也，从容顾法吏曰：公等今论余以死，余知公等之恐怖，盖有甚于余者。加氏始倡^①地动说，当时教会怒其戾教旨，下之狱，而加氏不为之屈。是皆学者所传为美谈者也。若而人者，非特学识过人，其殉于所信而百折不回。诚有足多者，虽其身穷死于缧绁^②之中，而声名洋溢，传之百世而不衰，岂与夫屈节回志，忽理义而徇流俗者，同日而语哉？

人之生也，有顺境，即不能无逆境。逆境之中，跋前疐后，进退维谷，非以勇敢之气持之，无由转祸而为福，变险而为夷也。且勇敢亦非待逆境而始著，当平和无事之时，亦能表见而有余。如壹于职业，安于本分，不诱惑于外界之非违，皆是也。

人之染恶德而招祸害者，恒由于不果断。知其当为也，而不敢为；知其不可不为也，而亦不敢为，诱于名利而丧其是非之心，皆不能果断之咎也。全乃虚炫才学，矫饰德行，以欺世而凌人，则又由其无安于本分之勇，而入此歧途耳。

勇敢之最著者为独立。独立者，自尽其职而不倚赖于人是也。人之立于地也，恃己之足，其立于世也亦然。以己之心思虑之，以己之意志行之，以己之资力营养之，必如是而后为独立，亦必如是而后得谓之人也。夫独立，非离群索居之谓。人之生也，集而为家族，为社会，为国家，乌能不互相扶持，互相挹注^③，以共图团体之幸福。而要其交互关系之中，自一人之方面言之，各尽其对于团体之责任，不失其为独立也。独立亦非矫情立异之谓。不问其事之曲直利害，而一切拂人之性以为快，是顽冥耳。与夫不问曲直利害，而一切徇人意以为之者奚择焉。惟不存成见，而以其良知为衡，理义所在，虽

---

① 作者将"始倡"二字改为"主张"。
② 缧绁：亦作"累绁"。拘系犯人的绳索。引申为囚禁。
③ 挹注：把液体从一个盛器中取出，注入另一个盛器。亦比喻以有余补不足。

刍荛之言①，犹虚己而纳之，否则虽王公之命令，贤哲之绪论，亦拒之而不惮，是之谓真独立。

独立之要有三：一曰自存；二曰自信；三曰自决。

生计者，万事之基本也。人苟非独立而生存，则其他皆无足道。自力不足，庇他人而糊口者，其卑屈固无足言；至若窥人鼻息，而以其一颦一笑为忧喜，信人之所信而不敢疑，好人之所好而不敢忤，是亦一赘物耳，是皆不能自存故也。

人于一事，既见其理之所以然而信之，虽则事变万状，苟其所以然之理如故，则吾之所信亦如故，是谓自信。在昔旷世大儒，所以发明真理者，固由其学识宏远，要亦其自信之笃，不为权力所移，不为俗论所动，故历久而其理大明耳。

凡人当判决事理之时，而俯仰随人，不敢自主，此亦无独立心之现象也。夫智见所不及，非不可咨询于师友，惟临事迟疑，随人作计，则鄙劣之尤焉。

要之，无独立心之人，恒不知自重。既不自重，则亦不知重人，此其所以损品位而伤德义者大矣。苟合全国之人而悉无独立心，乃冀其国家之独立而巩固，得乎？

勇敢而协于义，谓之义勇。暴虎冯河，盗贼犹且能之，此血气之勇，何足选也。无适无莫，义之与比，毁誉不足以淆之，死生不足以胁之，则义勇之谓也。

义勇之中，以贡于国家者为最大。人之处斯国也，其生命，其财产，其名誉，能不为人所侵毁。而仰事俯畜②，各适其适者，无一非国家之赐，且亦非仅吾一人之关系，实承之于祖先，而又将传之于子孙，以至无穷者也。故国家之急难，视一人之急难，不啻倍蓰③而已。于是时也，吾即舍吾之生命财产，

---

① 刍荛之言：意为割草打柴人的话，指普通百姓的浅陋言辞，常用作自谦。
② 仰事俯畜：亦简作"事畜"。谓对上侍奉父母，对下养活妻子儿女。语出《孟子·梁惠王上》"是故明君制民之产，必使仰足以事父母，俯足以畜妻子。"亦以泛称维持一家生活。
③ 蓰：五倍。《孟子·滕文公上》："或相倍蓰。"

及其一切以殉之，苟利国家，非所惜也，是国民之义务也。使其人学识虽高，名位虽崇，而国家有事之时，首鼠两端，不敢有为，则大节既亏，万事瓦裂，腾笑当时，遗羞后世，深可惧也。是以平日必持炼意志，养成见义勇为之习惯，则能尽国民之责任，而无负于国家矣。

然使义与非义，非其知识所能别，则虽有尚义之志，而所行辄与之相畔，是则学问不足，而知识未进也。故人不可以不修学。

修　学

身体壮佼，仪容伟岸，可能为贤乎？未也。居室崇闳，被服锦绣，可以为美乎？未也。人而无知识，则不能有为，虽矜饰其表，而鄙陋龌龊之状，宁可掩乎？

知识与道德，有至密之关系。道德之名尚矣，要其归，则不外避恶而行善。苟无知识以辨善恶，则何以知恶之不当为，而善之当行乎？知善之当行而行之，知恶之不当为而不为，是之谓真道德。世之不忠不孝、无礼无义、纵情而亡身者，其人非必皆恶逆悖戾也，多由于知识不足，而不能辨别善恶故耳。

寻常道德，有寻常知识之人，即能行之。其高尚者，非知识高尚之人，不能行也。是以自昔立身行道，为百世师者，必在旷世超俗之人，如孔子是已。

知识者，人事之基本也。人事之种类至繁，而无一不有赖于知识。近世人文大开，风气日新，无论何等事业，其有待于知识也益殷。是以人无贵贱，未有可以不就学者。且知识所以高尚吾人之品格也，知识深远，则言行自然温雅而动人歆慕。盖是非之理，既已了然，则其发于言行者，自无所凝滞，所谓诚于中形于外也。彼知识不足者，目能睹日月，而不能见理义之光；有物质界之感触，而无精神界之欣合，有近忧而无远虑。胸襟之隘如是，其言行又乌能免于卑陋欤？

知识之启发也，必由修学。修学者，务博而精者也。自人文进化，而国家之贫富强弱，与其国民学问之深浅为比例。彼欧美诸国，所以日辟百里、虎视一世者，实由其国中硕学专家，以理学工学之知识，开殖产兴业之端，锲而不已，成此实效。是故文明国所恃以竞争者，非武力而智力也。方今海外各国，交际频繁，智力之竞争，日益激烈。为国民者，乌可不勇猛精进，旁求知识，以造就为国家有用之材乎？

修学之道有二：曰耐久；曰爱时。

锦绣所以饰身也，学术所以饰心也。锦绣之美，有时而敝；学术之益，终身享之，后世诵之，其可贵也如此。凡物愈贵，则得之愈难，曾学术之贵，而可以浅涉得之乎？是故修学者，不可以不耐久。

凡少年修学者，其始鲜或不勤，未几而惰气乘之，有不暇自省其功候之如何，而咨嗟于学业之难成者。岂知古今硕学，大抵抱非常之才，而又能精进不已，始克抵于大成，况在寻常之人，能不劳而获乎？而不能耐久者，乃欲以穷年莫殚之功，责效于旬日，见其未效，则中道而废，如弃敝屣然。如是，则虽薄技微能，为庸众所可跂者，亦且百涉而无一就，况于专门学艺，其理义之精深，范围之博大，非专心致志，不厌不倦，必不能窥其涯涘，而乃卤莽灭裂，欲一蹴而几之，不亦妄乎？

庄生有言：吾生也有涯，而知也无涯，夫以有涯之生，修无涯之学，固常苦不及矣。自非惜分寸光阴，不使稍縻于无益，鲜有能达其志者。故学者尤不可以不爱时。

少壮之时，于修学为宜，以其心气尚虚，成见不存也。乃是时而勉之，所积之智，或其终身应用而有余。否则以有用之时间，养成放僻之习惯，虽中年悔悟，痛自策励，其所得盖亦仅矣。朱子有言曰：勿谓今日不学而有来日；勿谓今年不学而有来年，日月逝矣，岁不延误，呜呼老矣，是谁之愆？其言深切著明，凡少年不可不三复也。

时之不可不爱如此，是故人不特自爱其时，尤当为人爱时。尝有诣友终日，游谈不经，荒其职业，是谓盗时之贼，学者所宜戒也。

修学者，固在入塾就师，而尤以读书为有效。盖良师不易得，借令得之，而亲炙之时,自有际限,要不如书籍之惠我无穷也。

人文渐开,则书籍渐富,历代学者之著述,汗牛充栋,固非一人之财力所能尽致,而亦非一人之日力所能遍读,故不可不择其有益于我者而读之。读无益之书,与不读等,修学者宜致意焉。

凡修普通学者,宜以平日课程为本,而读书以助之。苟课程所受,研究未完,而漫焉多读杂书,虽则有所得,亦泛滥而无归宿。且课程以外之事,亦有先后之序,此则修专门学者,尤当注意。苟不自量其知识之程度,取高远之书而读之,以不知为知,沿讹袭谬,有损而无益,即有一知半解,沾沾自喜,而亦终身无会通之望矣。夫书无高卑,苟了彻其义,则虽至卑近者,亦自有无穷之兴味。否则徒震于高尚之名,而以不求甚解者读之,何益?行远自迩,登高自卑,读书之道,亦犹是也。未见之书,询于师友而抉择之,则自无不合程度之虑矣。

修学者得良师,得佳书,不患无进步矣。而又有资于朋友,休沐之日,同志相会,凡师训所未及者,书义之可疑者,各以所见,讨论而阐发之,其互相为益者甚大。有志于学者,其务择友哉。

学问之成立在信,而学问之进步则在疑。非善疑者,不能得真信也。读古人之书,闻师友之言,必内按诸心,求其所以然之故。或不能得,则辗转推求,必逮心知其意,毫无疑义而后已,是之谓真知识。若乃人云亦云,而无独得之见解,则虽博闻多识,犹书簏耳,无所谓知识也。至若预存成见,凡他人之说,不求其所以然,而一切与之反对,则又怀疑之过,殆不知学问为何物者。盖疑义者,学问之作用,非学问之目的也。

修　德

人之所以异于禽兽者,以其有德性耳。当为而为之之谓德,为诸德之源;而使吾人以行德为乐者之谓德性。体力也,知能也,皆实行道德者之所资。然使不率之以德性,则犹有精兵而不以良将将之,于是刚强之体力,适以资横暴；卓越之知能，或以助奸恶，岂不惜欤？

德性之基本，一言以蔽之曰：循良知。一举一动，循良知所指，而不挟一毫私意于其间，则庶乎无大过，而可以为有德之人矣。今略举德性之概要如下：

德性之中，最普及于行为者，曰信义。信义者，实事求是，而不以利害生死之关系枉其道也。社会百事，无不由信义而成立。苟蔑弃信义之人，遍于国中，则一国之名教风纪，扫地尽矣。孔子曰：言忠信，行笃敬，虽蛮貊之邦行矣。言信义之可尚也。人苟以信义接人，毫无自私自利之见，而推赤心于腹中，虽暴戾之徒，不敢忤焉。否则不顾理义，务挟诈术以遇人，则虽温厚笃实者，亦往往报我以无礼。西方之谚曰：正直者，上乘之机略。此之谓也。世尝有牢笼人心之伪君子，率不过取售一时，及一旦败露，则人亦不与之齿矣。

入信义之门，在不妄语而无爽约。少年癖嗜新奇，往往背事理真相，而构造虚伪之言，冀以耸人耳目。行之既久，则虽非戏谑谈笑之时，而不知不觉，动参妄语，其言遂不能取信于他人。盖其言真伪相半，是否之间，甚难判别，诚不如不信之为愈也。故妄语不可以不戒。

凡失信于发言之时者为妄语，而失信于发言以后为爽约。二者皆丧失信用之道也。有约而不践，则与之约者，必致靡费时间，贻误事机，而大受其累。故其事苟至再至三，则人将相戒不敢与共事矣。如是，则虽置身人世，而枯寂无聊，直与独栖沙漠无异，非自苦之尤乎？顾世亦有本无爽约之心，而迫于意外之事，使之不得不如是者。如与友人有游散之约，而猝遇父兄罹疾，此其轻重缓急之间，不言可喻，苟舍父兄之急，而局局于小信，则反为悖德，诚不能弃此而就彼。然后起之事，苟非促促无须臾暇者，亦当通信于所约之友，而告以其故，斯则虽不践言，未为罪也。又有既经要约，旋悟其事之非理，而不便遂行者，亦以解约为是。此其爽约之罪，乃原因于始事之不慎。故立约之初，必确见其事理之不谬，而自审材力之所能及，而后决定焉。《中庸》

曰：言顾行，行顾言。此之谓也。

言为心声，而人之处世，要不能称心而谈，无所顾忌，苟不问何地何时，与夫相对者之为何人，而辄以己意喋喋言之，则不免取厌于人。且或炫己之长，揭人之短，则于己既为失德，于人亦适以招怨。至乃讦人阴私，称人旧恶，使听者无地自容，则言出而祸随者，比比见之。人亦何苦逞一时之快，而自取其咎乎？

交际之道，莫要于恭俭。恭俭者，不放肆，不僭滥之谓也。人间积不相能之故，恒起于一时之恶感，应对酬酢之间，往往有以傲慢之容色，轻薄之辞气，而激成凶隙者。在施者未必有意以此侮人，而要其平日不恭不俭之习惯，有以致之。欲矫其弊，必循恭俭，事尊长，交朋友，所不待言。而于始相见者，尤当注意。即其人过失昭著而不受尽言，亦不宜以意气相临，第和色以谕之，婉言以导之，赤心以感动之，如是而不从者鲜矣。不然，则倨傲偃蹇①，君子以为不可与言，而小人以为鄙己，蓄怨积愤，鲜不藉端而开衅者，是不可以不慎也。

不观事父母者乎，婉容愉色以奉朝夕，虽食不重肉，衣不重帛，父母乐之；或其色不愉，容不婉，虽锦衣玉食，未足以悦父母也。交际之道亦然，苟容貌辞令，不失恭俭之旨，则其他虽简，而人不以为忤，否则即铺张扬厉，亦无效耳。

名位愈高，则不恭不俭之态易萌，而及其开罪于人也，得祸亦尤烈。故恭俭者，即所以长保其声名富贵之道也。

恭俭与卑屈异。卑屈之可鄙，与恭俭之可尚，适相反焉。盖独立自主之心，为人生所须臾不可离者。屈志枉道以迎合人，附和雷同，阉然媚世，是皆卑屈，非恭俭也。谦逊者，恭俭之一端，而要其人格之所系，则未有可以受屈于人者。宜让而让，宜守而守，则恭俭者所有事也。

礼仪，所以表恭俭也。而恭俭则不仅在声色笑貌之间，诚意积于中，而

---

① 偃蹇：骄傲；傲慢。

德辉发于外，不可以伪为也。且礼仪与国俗及时世为推移，其意虽同，而其迹或大异，是亦不可不知也。

恭俭之要，在能容人，人心不同，苟以异己而辄排之，则非合群之道矣。且人非圣人，谁能无过？过而不改，乃成罪恶。逆耳之言，尤当平心而察之，是亦恭俭之效也。

交　友

人情喜群居而恶离索，故内则有家室，而外则有朋友。朋友者，所以为人损痛苦而益欢乐者也。虽至快之事，苟不得同志者共赏之，则其趣有限；当抑郁无聊之际，得一良友慰其寂寞，而同其忧戚，则胸襟豁然，前后殆若两人。至于远游羁旅之时，兄弟戚族，不遑我顾，则所需于朋友者尤切焉。

朋友者，能救吾之过失者也。凡人不能无偏见，而意气用事，则往往不遑自返，斯时得直谅之友，忠告而善导之，则有憬然自悟其非者，其受益孰大焉。

朋友又能成人之善而济其患。人之营业，鲜有能以独力成之者，方今交通利便，学艺日新，通功易事之道愈密，欲兴一业，尤不能不合众志以成之。则所需于朋友之助力者，自因之而益广。至于猝遇疾病，或值变故，所以慰藉而保护之者，自亲戚家人而外，非朋友其谁望耶？

朋友之有益于我也如是。西哲以朋友为在外之我，洵至言哉。人而无友，则虽身在社会之中，而胸中之岑寂无聊，曾何异于独居沙漠耶？

古人有言，不知其人，观其所与。朋友之关系如此，则择交不可以不慎也。凡朋友相识之始，或以乡贯职业，互有关系；或以德行才器，素相钦慕，本不必同出一途。而所以订交者，要不为一时得失之见，而以久要不渝为本旨。若乃任性滥交，不顾其后，无端而为胶漆，无端而为冰炭，则是以交谊为儿戏耳。若而人者，终其身不能得朋友之益矣。

既订交矣，则不可以不守信义。信义者，朋友之第一本务也。苟无信义，则猜忌之见，无端而生，凶终隙末之事，率起于是。惟信义之交，则无自而离间之也。

朋友有过，宜以诚意从容而言之，即不见从，或且以非理加我，则亦姑恕宥之，而徐俟其悔悟。世有历数友人过失，不少假借①，或因而愤争者，是非所以全友谊也。而听言之时，则虽受切直之言，或非人所能堪，而亦当温容倾听，审思其理之所在，盖不问其言之得当与否，而其情要可感也。若乃自讳其过而忌直言，则又何异于讳疾而忌医耶？

夫朋友有成美之益，既如前述，则相为友者，不可以不实行其义。有如农工实业，非集巨资合群策不能成立者，宜各尽其能力之所及，协而图之。及其行也，互持契约，各守权限，无相诈也，无相诿也，则彼此各享其利矣。非特实业也，学问亦然。方今文化大开，各科学术，无不理论精微，范围博大，有非一人之精力所能周者。且分料至繁，而其间乃互有至密之关系。若专修一科，而不及其他，则孤陋而无藉，合各科而兼习焉，则又泛滥而无所归宿，是以能集同志之友，分门治之，互相讨论，各以其所长相补助，则学业始可抵于大成矣。

虽然，此皆共安乐之事也，可与共安乐，而不可与共患难，非朋友也。朋友之道，在扶困济危，虽自掷其财产名誉而不顾。否则如柳子厚所言，平日相征逐、相慕悦，誓不相背负；及一旦临小利害若毛发、辄去之若浼②者。人生又何贵有朋友耶？

朋友如有悖逆之征，则宜尽力谏阻，不可以交谊而曲徇之。又如职司所在，公而忘私，亦不得以朋友之请谒若关系，而有所假借。申友谊而屈公权，是国家之罪人也。朋友之交，私德也；国家之务，公德也。二者不能并存，则不能不屈私德以从公德。此则国民所当服膺者也。

---

① 不少假借：没有一点宽容。
② 去之若浼：指躲避惟恐不及，生怕沾污了自身。《孟子·公孙丑上》："推恶恶之心，思与乡人立，其冠不正，望望然去之，若将浼也。"

从　师

凡人之所以为人者，在德与才。而成德达才，必有其道。经验，一也；读书，二也；从师受业，三也。经验为一切知识及德行之渊源，而为之者，不可不先有辨别事理之能力。书籍记远方及古昔之事迹，及各家学说，大有裨于学行，而非粗谙各科大旨，及能甄别普通事理之是非者，亦读之而茫然。是以从师受业，实为先务。师也者，授吾以经验及读书之方法，而养成其自由抉择之能力者也。

人之幼也，保育于父母。及稍长，则苦于家庭教育之不完备，乃入学亲师。故师也者，代父母而任教育者也。弟子之于师，敬之爱之，而从顺之，感其恩勿谖，宜也。自师言之，天下至难之事，无过于教育。何则？童子未有甄别是非之能力，一言一动，无不赖其师之诱导，而养成其习惯，使其情绪思想，无不出于纯正者，师之责也。他日其人之智德如何，能造福于社会及国家否，为师者不能不任其责。是以其职至劳，其虑至周，学者而念此也，能不感其恩而图所以报答之者乎？

弟子之事师也，以信从为先务。师之所授，无一不本于造就弟子之念，是以见弟子之信从而勤勉也，则喜，非自喜也，喜弟子之可以造就耳。盖其教授之时，在师固不能自益其知识也。弟子念教育之事，非为师而为我，则自然笃信其师，而尤不敢不自勉矣。

弟子知识稍进，则不宜事事待命于师，而常务自修，自修则学问始有兴趣，而不至畏难，较之专恃听授者，进境尤速。惟疑之处，不可武断，就师而质焉可也。

弟子之于师，其受益也如此，苟无师，则虽经验百年，读书万卷，或未必果有成效。从师者，事半而功倍者也。师之功，必不可忘，而人乃以为区区脩脯已足偿之，若购物于市然。然则人子受父母之恩，亦以服劳奉养为足偿之耶？为弟子者，虽毕业以后，而敬爱其师，无异于受业之日，则庶乎其可矣。

蔡元培

合 群

(选自1916年4月为巴黎华工学校编写的《华工学校讲义》)

吾人在此讲堂，有四壁以障风尘；有案有椅，可以坐而作书。壁者，积砖而成；案与椅，则积板而成者也。使其散而为各各之砖与板，则不能有壁与案与椅之作用。又吾人皆有衣服以御寒。衣服者，积绵缕或纤毛而成者也。使其散而为各各之绵缕或纤毛，则不能有衣服之作用。又返而观吾人之身体，实积耳、目、手、足等种种官体而成。此等官体，又积无数之细胞而成。使其散而为各各之官体，又或且散而为各各之细胞，则亦焉能有视听行动之作用哉？

吾人之生活于世界也亦然。孤立而自营，则冻馁且或难免；合众人之力以营之，而幸福之生涯，文明之事业，始有可言。例如吾等工业社会，其始固一人之手工耳。集伙授徒，而出品较多。合多数之人以为大工厂，而后能适用机械，扩张利益。合多数工厂之人，组织以为工会，始能渐脱资本家之压制，而为思患预防造福将来之计。岂非合群之效与？吾人最普通之群，始于一家。有家而后有慈幼、养老、分劳、侍疾之事。及合一乡之人以为群，而后有守望之助，学校之设。合一省或一国之人以为群，而后有便利之交通，高深之教育。使合全世界之人以为群，而有无相通，休戚与共，则虽有地力较薄、天灾偶行之所，均不难于补救，而兵战、商战之惨祸，亦得绝迹于世界矣。

舍己为群

（选自 1916 年 4 月为巴黎华工学校编写的《华工学校讲义》）

积人而成群。群者，所以谋各人公共之利益也。然使群而危险，非群中之人出万死不顾一生之计以保群，而群将亡。则不得已而有舍己为群之义务焉。

舍己为群之理由有二：一曰，己在群中，群亡则己随之而亡。今舍己以救群，群果不亡，己亦未必亡也；即群不亡，而己先不免于亡，亦较之群己俱亡者为胜。此有己之见存者也。一曰，立于群之地位，以观群中之一人，其价值必小于众人所合之群。牺牲其一而可以济众，何惮不为？一人作如是观，则得舍己为群之一人；人人作如是观，则得舍己为群之众人。此无己之见存者也。见不同而舍己为群之决心则一。

请以事实证之。一曰从军。战争，罪恶也，然或受野蛮人之攻击，而为防御之战，则不得已也。例如比之受攻于德，比人奋勇而御敌，虽死无悔，谁曰不宜？

二曰革命。革命，未有不流血者也。不革命而奴隶于恶政府，则虽生犹死。故不惮流血而为之。例如法国一七八九年之革命，中国数年来之革命，其事前之鼓吹运动而被拘杀者若干人，临时奋斗而死伤者若干人，是皆基于舍己为群者也。

三曰暗杀。暗杀者，革命之最简单手段也。歼魁而释从，惩一以儆百，而流血不过五步。古者如荆轲之刺秦王，近者如苏斐亚之杀俄帝尼科拉司第

蔡元培

二，皆其例也。

四曰为真理牺牲。真理者，和平之发见品也。然成为教会、君党、若贵族之所忌，则非有舍己为群之精神，不敢公言之。例如苏格拉底创新哲学，下狱而被鸩；哥白尼为新天文说，见仇于教皇；巴枯宁道无政府主义，而被囚被逐，是也。

其他如试演飞机、探险南北极之类，在今日以为敢死之事业，虽或由好奇竞胜者之所为，而亦有起于利群之动机者，得附列之。

注意公众卫生

(选自1916年4月为巴黎华工学校编写的《华工学校讲义》)

古谚有云:"千里不唾井。"言将有千里之行,虽不复汲此井,而不敢唾之以妨人也。殷之法,弃灰于道者有刑,恐其飞扬而眯人目也。孔子曰:"君子敝帷不弃,为埋马;敝盖不弃,为埋狗。"言已死之狗、马,皆埋之,勿使暴露,以播其恶臭也。盖古人之注意于公众卫生者,即如此。

今日公众卫生之设备,较古为周。诚以卫生条件,本以清洁力一义。各人所能自营者,身体之澡浴,衣服之更迭,居室之洒扫而已。使其周围之所,污水停潴,废物填委,落叶死兽之腐败者,散布于道周,传染病之霉菌,弥漫于空气,则虽人人自洁其身体、衣服及居室,而卫生之的仍不达。夫是以有公众卫生之设备。例如沟渠必在地中,溷厕必有溜水,道路之扫除,弃物之运移,有专职,有定时,传染病之治疗,有特别医院,皆所以助各人卫生之所不及也。

吾既受此公众卫生之益,则不可任意妨碍之,以自害而害人。毋唾于地;毋倾垢水于沟渠之外;毋弃掷杂物于公共之道路若川流。不幸而有传染之疾,则亟自隔离,暂绝交际。其稍重者,宁移居医院,而勿自溷于稠人广众之间。此吾人对于公众卫生之义务也。

蔡元培

爱护公共之建筑及器物

(选自1916年4月为巴黎华工学校编写的《华工学校讲义》)

往者园亭之胜,花鸟之娱,有力者自营之、而自赏之也。今则有公园以供普通之游散;有植物、动物等园,以为赏鉴及研究之资。往者宏博之图书,优美之造象与绘画,历史之纪念品,远方之珍异,有力者得收藏之,而不轻以示人也。今则有藏书楼,以供公众之阅览,有各种博物院,以兴美感而助智育。且也,公园之中,大道之旁,植列树以为庇荫,陈坐具以供休憩,间亦注引清水以资饮料。是等公共之建置,皆吾人共享之利益也。

吾人既有此共同享受之利益,则即有共同爱护之义务;而所以爱护之者,当视一己之住所及器物为尤甚。以其一有损害,则爽然失望者,不止己一人已也。

是故吾人而行于道路,游于公园,则勿以花木之可爱,而轻折其枝叶;勿垢污其坐具,亦勿践踏而刻画之;勿引杖以扰猛兽;勿投石以惊鱼鸟;入藏书楼而有所诵读,若抄录,则当慎护其书,毋使稍有污损;进博物院,则一切陈列品,皆可以目视,而不可手触。有一于此,虽或幸逃典守者之目,而不遭消让,然吾人良心上之呵责,固不能幸免矣。

尽力于公益

（选自1916年4月为巴黎华工学校编写的《华工学校讲义》）

凡吾人共同享受之利益，有共同爱护之责任，此于《注意公众卫生》及《爱护公共之建筑及器物》等篇，所既言者也。顾公益之既成者，吾人当爱之；其公益之未成者，吾人尤不得不建立之。

自昔吾国人于建桥、敷路，及义仓、义塾之属，多不待政府之经营，而相与集资以为之。近日更有独力建设学校者，如浙江之叶君澄衷，以小贩起家，晚年积资至数百万，则出其十分之一，以建设澄衷学堂。江苏之杨君锦春，以木工起家，晚年积资至十余万，则出其十分之三，以建设浦东中学校。其最著者矣。

虽然，公益之举，非必待富而后为之也。山东武君训，丐食以奉母，恨己之失学而流于乞丐也，立志积资以设一校，俾孤贫之子，得受教育，持之十余年，卒达其志。夫无业之乞丐，尚得尽力于公益，况有业者乎？

英之翰回，商人也，自奉甚俭，而勇于为善；尝造伦敦大道；又悯其国育婴院之不善，自至法兰西、荷兰诸国考察之；归而著书，述其所见，于是英之育婴院为之改良。其殁也，遗财不及二千金，悉以散诸孤贫者。英之沙伯，业织麻者也，后为炮厂书记，立志解放黑奴，尝因辩护黑奴之故，而研究民法，卒得直；又与同志设一放奴公司，黑奴之由此而被释者甚众。英之莱伯，铁工也，悯罪人之被赦者，辄因无业而再罹于罪，思有以救助之；其岁入不过百镑，悉心分配，一家衣食之用者若干，教育子女之费若干，余者用以救助被赦而无业之人。彼每日作工，自朝六时至晚六时，而以其暇时及安息日，为被赦之人谋职业。行之十年，所救助者凡三百余人。由此观之，人苟有志于公益，则无论贫富，未有不达其志者，勉之而已。

己所不欲勿施于人

（选自1916年4月为巴黎华工学校编写的《华工学校讲义》）

子贡问于孔子曰："有一言而可以终身行之者乎？"孔子曰："其恕乎：己所不欲，勿施于人。"他日，子贡曰："我不欲人之加诸我也，我亦欲无加诸人。"举孔子所告，而申言之也。西方哲学家之言曰："人各自由，而以他人之自由为界。"其义正同。例如我有思想及言论之自由，不欲受人之干涉也，则我亦勿干涉人之思想及言论；我有保卫身体之自由，不欲受人之毁伤也，则我亦勿毁伤人之身体；我有书信秘密之自由，不欲受人之窥探也，则我亦慎勿窥人之秘密；推而我不欲受人之欺诈也，则我慎勿欺诈人；我不欲受人之侮慢也，则我亦慎勿侮慢人。事无大小，一以贯之。

顾我与人之交际，不但有消极之戒律，而又有积极之行为。使由前者而下一转语曰："以己所欲施于人"，其可乎？曰是不尽然。人之所欲，偶有因遗传及习染之不善，而不轨于正者。使一切施之于人，则亦或无益而有损。例如腐败之官僚，喜受属吏之谄媚也，而因以谄媚于上官，可乎？迷信之乡愚，好听教士之附会也，而因以附会于亲族，可乎？至于人所不欲，虽亦间有谬误，如恶闻、直言之类，然使充不欲勿施之义，不敢以直言进人，可以婉言代之，亦未为害也。

且积极之行为,孔子固亦言之曰："己欲立而立人,己欲达而达人。"立者,立身也；达者,道可行于人也。言所施必以立达为界,言所勿施则以己所不欲概括之,诚终身行之而无弊者矣。

蔡元培

责己重而责人轻

（选自1916年4月为巴黎华工学校编写的《华工学校讲义》）

孔子曰："躬自厚，而薄责于人，则远怨矣。"韩退之又申明之曰："古之君子，其责己也重以周，其责人也轻以约。重以周，故不怠；轻以约，故人乐为善。"其足以反证此义者，孟子言父子责善之非，而述人子之言曰："夫子教我以正，夫子未出于正也。"原伯及先且居皆以效尤为罪咎。椒举曰："唯无瑕者，可以戮人。"皆言责人而不责己之非也。

准人我平等之义，似乎责己重者，责人亦可以重，责人轻者，责己亦可以轻。例如多闻见者笑人固陋，有能力者斥人无用，意以为我既能之，彼何以不能也。又如怙过饰非者，每喜以他人同类之过失以自解，意以为人既为之，我何独不可为也。不知人我固当平等，而既有主观、客观之别，则观察之明晦，显有差池，而责备之度，亦不能不随之而进退。盖人之行为，常含有多数之原因：如遗传之品性，渐染之习惯，薰受之教育，拘牵之境遇，压迫之外缘、激刺之感情，皆有左右行为之势力。行之也为我，则一切原因，皆反省而可得。即使当局易迷，而事后必能审定。既得其因，则迁善改过之为，在在可以致力：其为前定之品性、习惯及教育所驯致耶，将何以矫正之；其为境遇、外缘及感情所逼成耶，将何以调节之。既往不可追，我固自怨自艾；而苟有不得已之故，决不虑我之不肯自谅。其在将来，则操纵之权在我，我何馁焉？至于他人，则其驯致与迫成之因，决非我所能深悉。使我任举推得之一因，而严加责备，宁有当乎？况人人各自有其重责之机会，我又何必越俎而代之？故责己重而责人轻，乃不失平等之真意，否则，迹若平而转为不平之尤矣。

勿畏强而侮弱

(选自 1916 年 4 月为巴黎华工学校编写的《华工学校讲义》)

《崧高》之诗曰:"人亦有言:柔则茹之,刚则吐之。唯仲山甫柔而不茹,刚亦不吐,不侮鳏寡,不畏强御。"人类之交际,彼此平等;而古人乃以食物之茹、吐为比例,甚非正当;此仲山甫之所以反之,而自持其不侮弱、不畏强之义务也。

畏强与侮弱,其事虽有施受之殊,其作用亦有消极与积极之别。然无论何一方面,皆蔽于强弱不容平等之谬见。盖我之畏强,以为我弱于彼,不敢与之平等也。则见有弱于我者,自然以彼为不敢与我平等而侮之。又我之侮弱,以为我强于彼,不必与彼平等也,则见有强于我者,自然以彼为不必与我平等而畏之。迹若异而心则同。矫其一,则其他自随之而去矣。

我国壮侠义之行有曰:"路见不平,拔刀相助。"言见有以强侮弱之事,则亟助弱者以抗强者也。夫强者尚未浼我,而我且进与之抗,则岂其浼我而转畏之;弱者与我无涉,而我且即而相助,则岂其近我而转侮之?彼拔刀相助之举,虽曰属之侠义,而抱不平之心,则人所皆有。吾人苟能扩充此心,则畏强侮弱之恶念,自无自而萌芽焉。

蔡元培

爱护弱者

（选自1916年4月为巴黎华工学校编写的《华工学校讲义》）

前于《勿畏强而侮弱》说，既言抱不平理。此对于强、弱有冲突时而言也。实则吾人对于弱者，无论何时，常有恻然不安之感想。盖人类心理，以平为安，见有弱于我者，辄感天然之不平，而欲以人力平之。损有余以益不足，此即爱护弱者之原理也。

在进化较浅之动物，已有实行此事者。例如秘鲁之野羊，结队旅行，遇有猎者，则羊之壮而强者，即停足而当保护之冲，俟全队毕过，而后殿之以行。鼠类或以食物饷其同类之瞽者。印度之小鸟，与其同类之瞽者、或受伤者，皆以时赡养之。曾是进化之深如人类，而羊、鼠、小鸟之不如乎？今日普通之人，于舟车登降之际，遇有废疾者，辄为让步，且值其艰于登降而扶持之。坐车中或妇女至而无空座，则起而让之；见其所携之物，有较繁重者，辄为传递而安顿。此皆爱护弱者之一例也。

航行大海之船，猝遇不幸，例必以救生之小舟，先载妇孺。俟有余地，男子始得而占之。其有不明理之男子，敢与妇孺争先者，虽枪毙之，而不为忍。为爱护弱者计，急不暇择故也。

战争之不免杀人，无可如何也。然已降及受伤之士卒，敌国之妇孺，例不得加以残害。德国之飞艇及潜水艇，所加害者众矣；而舆论攻击，尤以其加害于妇孺为口实。亦可以见爱护弱者，为人类之公义焉。

陶 行 知

陶行知（1891—1946），原名文濬，后改知行，又改行知。安徽省歙县人，教育家、思想家。代表作品《中国教育改造》《古庙敲钟录》《斋夫自由谈》。

学做一个人

（原载于1926年2月28日《生活周刊》第1卷第19期）

我要讲的题目是：学做一个人。要做一个整个的人，别做一个不完全、命分式的人。中国虽然有四万万人，试问有几个是整个的人？诸君试想一想："我自己是不是一个整个的人？"

《抱朴子》[①] 上有几句话："全生为上；亏生次之；死又次之；不生为下。"但是何种人算不是整个的人呢？依我看来，约有五种：

（一）残废的——他的身体有了缺欠，他当然不能算是整个的人。

（二）依靠他人的——他的生活不是独立的；他的生活只能算是他人生活的一部分。

（三）为他人当做工具用的——这种人的性命，为他人所支配，没有自己独立的人格。

（四）被他人买卖的——被贩卖人口所贩卖的人，就是猪仔；或是受金钱的贿赂，卖身的议员就是代表者。

（五）一身兼管数事的——人的一分精神只能专做一件事业，一个人兼了十几个差使，精神难以兼顾，他的事业即难以成功，结果是只拿钱不做事。

我希望诸君至少要做一个人；至多也只做一个人，一个整个的人。做一个整个的人，有三种要素：

（一）要有健康的身体——身体好，我们可以在物质的环境里站个稳固。

---

① 《抱朴子》：东晋葛洪著，洪自号抱朴子，因以名其书。书的内容主要涵盖"神仙方药""养生延年"等。

诸君,要做一个八十岁的青年,可以担负很重的责任,别做一个十八岁的老翁。

（二）要有独立的思想——要能虚心,要思想透彻,有判断是非的能力。

（三）要有独立的职业——要有独立的职业,为的是要生利。生利的人,自然可以得到社会的报酬。

我觉得中学生有一个大问题,即是"择业问题"。我以为择业时要根据个人的才干和兴趣。做事要有快乐,所以我们要根据个人的兴趣来择业。但是我们若要做事成功,我们必要有那样的才干。

我曾作了一首白话诗,说人要有独立的职业：

滴自己汗,吃自己的饭。

自己的事,自己干。

靠人,靠天,靠祖先,都不算好汉。

现在我们专讲"学"和"做"两个字,要一面学,一面做。"学"和"做"要连起来。英语 learn by doing,也就是这个意思。我们要应用学理来指导生活,同时再以生活来印证学理。

将来诸君有的升学,有的就职,但是为学的方法全要研究。学农的人要有科学的脑筋和农夫的手；学工的人,也要有科学的脑筋和工人的手。这样他才可以学得好。

我希望到会的个人,是四万万人中的一个人。诸君还要时常想：

中国有几个整个的人？

我是不是一个整个的人？

行是知之始

（原载于1929年7月30日《乡教丛讯》第3卷第12期）

阳明先生说："知是行之始，行是知之成。"我以为不对。应该是"行是知之始，知是行之成。"我们先从小孩子说起，他起初必定是烫了手才知道火是热的，冰了手才知道雪是冷的，吃过糖才知道糖是甜的，碰过石头才知道石头是硬的。太阳地里晒过几回，厨房里烧饭时去过几回，夏天的生活尝过几回，才知道抽象的热。雪菩萨做过几次，霜风吹过几次，冰淇淋吃过几杯，才知道抽象的冷。白糖、红糖、芝麻糖、甘蔗、甘草吃过几回，才知道抽象的甜。碰着铁，碰着铜，碰着木头，经过好几回，才知道抽象的硬。才烫了手又冰了脸，那末，冷与热更能知道明白了。尝过甘草接着吃了黄连，那末甜与苦更能知道明白了。碰着石头之后就去拍棉花球，那末，硬与软更能知道明白了。凡此种种，我们都看得清楚"行是知之始，知是行之成"。佛兰克林[1]放了风筝才知道电气可以由一根线从天空引到地下。瓦特烧水，看见蒸汽推动壶盖便知道蒸汽也能推动机器。加利里[2]翁在毕撒斜塔[3]上将轻重不同的球落下，便知道不同轻重之球是同时落地的。在这些科学发明上，我们又可以看得出"行是知之始，知是行之成"。

"墨辩"[4]提出三种知识：一是亲知，二是闻知，三是说知。亲知是亲身得来的，就是从"行"中得来的。闻知是从旁人那儿得来的，或由师友口传，

---

[1] 佛兰克林：今译为富兰克林（1706—1790），美国政治家、科学家，美国开国元勋之一。
[2] 加利里：今译为伽利略（1564—1642），意大利物理学家、天文学家。
[3] 毕撒斜塔：今译为比萨斜塔，为意大利著名建筑，是意大利罗马风建筑的代表作，始建于1174年，1350年完成。
[4] 墨辩：书名，始自西晋鲁胜。指《墨子》中的《经》上、下和《经说》上、下四篇。

或由书本传达，都可以归为这一类。说知是推想出来的知识。现在一般学校里所注重的知识，只是闻知，几乎以闻知概括一切知识，亲知是几乎完全摈于门外。说知也被忽略，最多也不过是些从闻知里推想出来的罢了。我们拿"行是知之始"来说明知识之来源，并不是否认闻知和说知，乃是承认亲知为一切知识之根本。闻知与说知必须安根于亲知里面方能发生效力。

试取演讲"三八主义"[①]来做个例子。我们对一群毫无机器工厂劳动经验的青年演讲八小时工作的道理，无异耳边风。没有亲知做基础，闻知实在接不上去。假使内中有一位青年曾在上海纱厂做过几天工作或一整天工作，他对于这八小时工作的运动的意义，必有亲切的了解。有人说："为了要明白八小时工作就要这样费力地去求经验，未免小题大做，太不经济。"我以为天下最经济的事无过这种亲知之取得。近代的政治经济问题便是集中在这种生活上。从过这种生活上得来的亲知，无异于取得近代政治经济问题的钥匙。

亲知为了解闻知之必要条件已如上述，现再举一例，证明说知也是要安根在亲知里面的。

白鼻福尔摩斯里面有一个奇怪的案子。一位放高利贷的被人打死后，他的房里白墙上有一个血手印，大得奇怪，从手腕到中指尖有二尺八寸长。白鼻福尔摩斯一看这个奇怪手印便断定凶手是没有手掌的，并且与手套铺是有关系的。他依据这个推想，果然找出住在一个手套铺楼上的科尔斯人就是这案的凶手，所用的凶器便是挂在门口做招牌的大铁手。他的推想力不能算小，但是假使他没有铁手招牌的亲知，又如何推想得出来呢？

这可见闻知、说知都是安根在亲知里面，便可见"行是知之始，知是行之成"。

十六年六月三日

[①] "三八主义"：也称"三八制""三八理论"，最早由社会主义学家欧文提出，即要求八小时工作，八小时休息，八小时自由支配。1886年美国芝加哥等地工人罢工，也提出要实行每天工作八小时、教育八小时、休息八小时的"三八制"。

实际生活是我们的指南针

——给全体同学的信

（选自《知行书信》上海亚东图书馆1929年版）

试验乡村师范全体同学：

我今天回到上海，接读四月九日手书，至为欣慰。你们植树节所做工作，正是我所希望做的。纵然我在南京，也是无以复加，怕只能减少大家的主动力。不过我这次失去参加共同种树的乐趣，委实有点可惜。

来信说自我到沪后，你们觉得生活的大船上少了一根指南针。我虽觉得我自己有好多地方可以帮助诸位，但指南针确是有些不敢当。我和诸位同是在乡村里摸路的人。我们的真正指南针只是实际生活。实际生活向我们供给无穷的问题，要求不断地解决。我们朝着实际生活走，大致不至于迷路。在实际生活里问津的人必定要破除成见，避免抄袭。我们要运用虚心的态度、精密的观察、证实的试验，才能做出创造的工作。这种工作必以实际生活为指南针。你们能以实际生活为指南针，而不以我为指南针，方能有第一流的建树。我只是你们当中的一个同志，最多不过是一个年长的同志。

一个多月来，我不能和诸位同在炮火中奋斗，心中委实不安。但是诸位知道，试验乡村师范是赤手空拳开办起来的，经济基础很不稳固。我动身的时候，董事会只有两千五百元存款，初步工程还未结束，预算到本月只有一千元了。未雨绸缪，不得不早为之计。我这个月的主要工作，就是要为本校立一较为稳固的经济基础。此刻十成已经做到六七成，其余的要在上海进行。这个不能十分满足的好消息，谅想是诸位愿听的。现在觉得，非多设免费或贷学金学额不足以使同学安心求学，所以还要留沪几天，接洽此事。日内或须到杭州一行。

本海①弟之中山装当派人送来。王琳弟的信已另复。楚材②弟的信已从京中回答，收到了吗？

我近来无大变化，不过脸上比从前白些，前额的阴阳圈渐次褪尽，身上多长了几斤肥肉，惭愧得很！

敬祝平安康健！

全校指导员及小学生处，均请代为问候。

十六年五月十五日

---

① 本海：即程本海。晓庄师范学校第一届学生。
② 楚材：即李楚材。晓庄师范学校第一届学生。

预备钢头碰铁钉

——给吴立邦小朋友的信

（选自《知行书信》上海亚东图书馆1929年版）

立邦小朋友：

接读你的好信，如同吃甘蔗一样，越吃越有味。

世上有十八岁的老翁，八十岁的青年。要想一世到老都有青年的精神，就须时常与青年人往来，所以我很愿意和青年人通信，尤其欢喜和小孩子通信。平时得了小孩子一封信，如得奇宝；看过了即刻就写回信；回了信就把它好好地收藏起来，每逢疲倦的时候，又把它打开一读，精神就立刻加增十倍。小朋友的信啊，你是我精神的泉源！

国家是大家的。爱国是每个人的本分。顾亭林[①]先生说得好："天下兴亡，匹夫有责。"我觉得凡是脚站中国土地，嘴吃中国五谷，身穿中国衣服的，无论男女老少，都应当爱中国。不过各人所处地位不同，爱国的方法也不能尽同。小孩们用心读书，用力体操，学做好人，就是爱国，今天多做一分学问，多养一分元气，将来就能为国家多做一分事业，多尽一分责任。你说等到年纪长大点也要服务社会，这是很好的志尚，社会的范围很不一定，大而言之就是天下；小一点就是国家；再小就是一省，一县，一村；再小就是我

[①] 顾亭林：即顾炎武（1613—1682），明末清初思想家、学者。居亭林镇，学者尊称亭林先生。顾炎武强调学以经世。著作有《日知录》《音学五书》《天下郡国利病书》《肇域志》《顾亭林诗文集》等。

们自己的家庭。大凡服务社会，要"远处着眼，近处着手"。学生在学习服务社会的时候，就可以从自己的家里学起，做起。一面学，一面做；一面做，一面学。我们在家里服务的事也很多，把不识字的家庭化为识字的家庭，就是这许多事当中的一种。府上既住在学校左近，这就是你自己家里试办平民教育的机会。家庭里的平民教育适用连环教学法，你可请教令亲鸣岐[1]先生。家里办好了，再推广到左右邻居，这事就是治国平天下的入手办法。

你信上说到贵处的老太婆们如何顽固，如何不易开通，这也是自然的现象。我们在社会上做事就要预备碰钉子。我在这几个月当中，也碰了四五个钉子。碰钉子的时候有两个法子解决：第一是硬起头皮来碰，假使钉是铁做的，我们的头皮就要硬到钢一样，叫铁钉一碰到钢做头皮上就弯了起来；第二是要把我们的热心架起火来，把钉子烧化掉。我们只怕心不热，不怕钉子厉害，你看如何？

你说，隆阜平民学校有个六十九岁的老太太也报名了。这是我们平民教育的大老了。陈鹤琴[2]先生的老太太现在六十五岁，也读《千字课》。安徽教育厅里，夫役读《千字课》的也有二位六十五岁的老翁，我亲自教了他们两课。晏阳初先生说他最老的学生是六十七岁。所以隆阜那位老太太是我们平民教育最老的学生。请你把她的姓名告诉我。我要叫天下人都晓得这件事，好叫那些年富力强的人都发奋起来。再请你代我向这位老太太表示敬意，从前中国有七十岁的老状元，现在有七十岁的老学生，老识字国民，岂不是一件最可庆贺的事吗？如果你能时常地去帮助这位老太太学习，那就更加好了。你说徽州没有好的男学校，所以暂在隆阜读书。歙县第三中学办得不错，教员皆是有学问有经验的，明年可以试试看。

承你的好意，叫我回徽州来帮助大家提倡平民教育。这句话触动了我无

---

[1] 鸣岐：即金明岐，时任安徽第四女子师范英语教师兼教导主任。
[2] 陈鹤琴：中国近现代著名儿童教育家、心理学家，被誉为中国现代幼儿教育的奠基人之一。提出了具有开创性的"活教育"理论。

限的感慨：我已经离开家乡十三年，恰好和你的年岁相等。每次读渊明公的《归去来兮辞》，就想回来一趟，但是总没有功夫。因为来往要一个月，我是个很忙的人，怎样可以做得到呢？今年夏天，南京来了四架飞机，我就想借用一架飞回徽州，半天可以来往。管飞机的人说徽州平地少，不易下来，只好将来再谈。现在休宁金猷澍慰侬先生制造一种潜水艇，如果办得成功，从杭州到屯溪只要十八个钟头。我现在一面学游水，一面等金慰侬先生的计划成功。我想我不久总要回来看看我的亲戚朋友，特别要看的是小朋友。不过小朋友们看见我怕要像下面两句诗所说的景况："儿童相见不相识，笑问客从何处来。"

现在已经夜深了，后来再谈。敬祝康健！

知行

十三年一月五日在联和船上写的

新旧时代之学生

（原载于 1931 年 11 月 26 日《申报·自由谈》）

旧时代之学生之生长的过程有三个阶段：

一是读死书；

二是死读书；

三是读书死。

新时代之学生也离不了书，所不同的是，他是：

用活书；

活用书；

用书活。

什么是活书？活书是活的知识之宝库。花草是活书。树木是活书。飞禽、走兽、小虫、微生物是活书。山川湖海、风云雨雪、天体运行都是活书。活的人、活的问题、活的文化、活的武功、活的世界、活的宇宙、活的变化都是活的知识之宝库，便都是活的书。

活的书只可以活用而不可以死读。新时代的学生要用活书去生产，用活书去实验，用活书去建设，用活书去革命，用活书去树立一个比现在可爱可敬的社会。在活的社会里，众生都能各得其所，何况这个小小的我，当然也是跟着大众一块儿，欣欣向荣地活起来了。

手脑相长

（原载于1933年1月16日《新社会半月刊》第4卷第2号）

近来我在报纸上发表了卖艺的广告。过后不久就接得中社一封信：请我于民国二十二年元旦正午的时候来演讲。我很高兴，不过社会上有许多人或尚对我怀疑。有一位朋友做了一首小诗，替我卖艺取了一个名字叫做"水门汀文艺"。这位朋友告诉我的意思是很深的。譬如有人在新世界门口水门汀上写了一大篇文字，说因为没有路费回家，求人解囊相助。我觉得这个名字很好，非常欢迎。这是对于我卖艺的解释。其次，刚才李先生问我：卖艺的生意好不好？我不敢说不好，因我说不好，人家不相信。有人要问我：为什么你要卖艺？今天我也要报告一下。在我的卖艺广告里有一句说："乡下先生难度日。"要晓得乡下先生有许许多多人难度日，不只我一个乡下先生难度日。中国现在有许多人不得日子过。我的卖艺广告是等于一个报告，使人家都知道乡下先生都难度日，就如那陶行知也在卖艺了。我有一首诗描写乡下先生的苦况，现在可来背一下：

"生长三家村，去来五里店。知己遍天下，终身不相见。雪花飞满天，身上犹无棉。一天吃两顿，有油没有盐；有油没有盐，饿肚看水仙。试问甜后苦，何如苦后甜。进城来索薪，轮流候茶园；薪水领不着，大家凑茶钱。爸爸长叹气，妈妈也埋怨。已经三十岁，还没有家眷。"

现在乡下先生只有三条路好走：（一）要么饿死；（二）要么革命；（三）要么去投河。在这种情形之下有十几万人没有把他们的出路问题解决。

不过他们本身的问题不能在他们本身上解决。农民生活的问题没有解决，乡村教师的生活问题就不会解决。

我本来无产阶级出身，后来出洋回来渐渐变成了中产阶级中人。现在却由中产阶级渐渐地流落到无产阶级了。所以我对于中产阶级与无产阶级的情形都知道一点。我有一种信仰和决心：要从中产阶级不爬上去，而要爬下来。其实爬下来就是爬上去。要爬上去就要落下来。我为什么要走这一条路？可把我的一段历史来简单说一说：我在中产阶级登峰造极的时候，就是当中华文化教育基金委员会的干事，每月有四百元薪水、一百元公费。当时我家里的几个小孩子一起变成了少爷，没有小姐，因为我没有女孩子。他们添饭有人，铺床折被也有人。我小时候尚做些事，而他们现在一些事不做，将来大的时候不得了。慢慢享福惯了，害我自己是小事，害这些小孩子是不得了的。因老妈子和佣人把我们小孩子的手都变坏了，成了无用的手；把我的小孩子的脚也变坏了，成了无用的脚。小时候不能动手用脚，大的时候当然一切事要别人做；小的时候做惯少爷，大的时候当然做老爷。我以为世界上最有贡献的人只有一种，就是头脑能指挥手指挥行动的人。中国都是用头脑的人不用手，用手的人不用头脑。年成虽好，农民生计仍很苦，这因为他们的头脑不会去想。一般人读书都是读死书，死读书，读书死。日本人打进来了，我们只会喊口号。可是我们干了几十年，到现在所用的电灯，所坐的汽车，都是外国人做的。我们自己不会造出来，这是什么缘故？这为了书呆子不去干科学的事业，因他不用手去试验，不用手去创造。一定要四万万人用手推动机器，才能把中华民国创造起来。头脑帮手生长，手帮头脑生长。

中国有两种病：一种是"软手软脚病"，一种是"笨头笨脑病"。害"软手软脚病"的人，便是读书人，他的头脑一定靠不住，是呆头呆脑的。而一般工人农民都是害的"笨头笨脑病"，所以都是粗手粗脚。一个人要有贡献于社会，一定要手与脑缔结大同盟。然后，可以创造，可以发明，可以建设国家，可以把东三省拿回来！要东三省拿回来，没有这么容易，必须要用手去拿回来!

老妈子和佣人天天替代我的小孩子的手,使他们的手都变成无用的手,故我决心把五百元一月的干事职位不要了,去当一百元一月的校长。我们学校里没有一个听差,没有一个斋夫,各事都是学生自己干。我写了两首歌,一首是勉励学生的,一首是戒人不要做双料少爷的。

第一首:"滴自己的汗,吃自己的饭;自己的事自己干。靠人靠天靠祖上,不算是好汉。"

第二首:"自从家父做老爷,人人呼我阔少爷。谁知我还是自倒洗脸水,远不如进个学堂儿。上课看情书,下课拜小姐;不高兴闹个风潮儿,直要教员怕我如同儿子怕爹爹!请看今日卖国贼,哪一个不是当年的双料少爷!"

上面两首歌,一首是建设论,一首是破坏论。我们学校里没有听差,结果很好。男学生挑水烧饭,女学生倒马桶。饭是很好吃,为什么马桶不好倒?当那女学生初来投考我们的学校,我先要问她一声,愿意不愿意倒马桶?愿意倒马桶的来学。虽然倒马桶不能救国,但是它的进一步的意思很深。能倒马桶,小姐的架子打破了!她的一双手拿出来了,将来会玩出比外国更好的电灯出来,会玩出比外国更好的汽车出来,会玩出比外国更好的飞机出来。

至于各种人的手,如穿马褂子的人的一双手都缩拢在袖管里面;穿西装的人的双手都插在裤袋里;老先生的一双手指甲留得长长,成一种曲线美,双手镶在袖管里;女学生的一双手都用手套子套了起来。因一双可以创造的手,套起来了,故把中华民国一起都套进去了,不能出头!

现在再讲脚。脚也要动动。从前女子绕小脚,用布包包,现在学外国新法绕小脚,应用几何学原理,高跟鞋就是一种几何三角形的道理。穿了这种皮鞋,脚不易走动了,弄得不好,就要跌跤。这样的女国民,能与日本去奋斗吗?多一个人穿高跟皮鞋,就是少一个人去奋斗。要解放脚,非打倒高跟皮鞋不可。要解放手,非打倒手套不可。新近我写了一首歌,知道的人已很多了。现在再来背一下:

人生两个宝，双手与大脑。用脑不用手，快要被打倒。用手不用脑，饭都吃不饱。手脑都会用，方是开天辟地的大好佬。

这大好佬，人人都会做！只要两只手拿出来用就行。中华民国不是几千个人几万个人所能做得好的。一定要四万万人都来推动机器，才可创造成功！这非用手不可。

脑与手没有力量，因血脉不相联通。我下了两帖药，叫它们的血脉联通起来。第一帖药名叫"脑化手"，使人人都有脑筋变化过的手。还有一帖药给无产阶级的农人和工人吃的，药的名字叫"手化脑"，就是一面用手，一面要有思想。倘然就把用脑不用手的人的呆头呆脑拿来装过去却是不配的。几百年来，瞎子教育的成绩证明，我们的一双手可以变化我们的脑筋。手做了工，脑筋就变化了。一经变化之后，手与脑筋互相长进。怎样变化的法子，我可举一个例子来说明。我在上海办过一个小小的试验。就大场地方租了一间房子，里面的凳子都是从乡下人那边借来用一下。我们要自己学来做，请了一个木匠师傅来。不当他小工，当他一位太上先生，由我这大书呆子带了一班小书呆子跟他学。我对他说："我们工钱不少你的，工钱照你的工作分配，所有四十只凳子一齐由你做好，我们一钱不给你。你能教会了一个书呆子做凳子，就有一个凳子的工钱。你教会了两个书呆子做凳子，就有两个凳子的工钱。"现在凳子都已做起来了，这样各人的手一用过后，自己买了一样科学仪器，自己就能仿造了。对这件事我已写了一首小诗：

"他是木匠，我是先生。先生学木匠，木匠学先生。学学学，我变了木匠，他变了木匠先生。"

脑筋与手联合起来，才可产生力量，把"弱"与"愚"都可去掉。手与脑联起来，即有力量了，力量要在哪一方面表现出来？我以为力量要从两方面表现出来：

（一）要叫力量武装起来。全国的国民，武装了才有力量。这种力量才能广大。不说别的，就拿广西来说罢。据广西的民政厅长雷殷与新近从广西考察还沪的杜重远[①]先生等讲，都很清楚，他们广西那边有八个字："寓兵于团，寓将于学。"过去的一年，已经练成三十六万民团。预计五年可练二百万民团。不是个人来当民团，是个个人背了枪来干。各地县长就是武装的团长。全省正式军队只有两师（即五万人）。他们把省下来的钱培养人民武力。老实说，日本人未来上海之前，他们早已在训练民团，整个的省份武装起来了。现在已经有成效。民众团体化、纪律化、武装起来，才能做中华民国的主人翁，才能消灭内战，才能打破外来的帝国主义侵略。几时日本兵要到北平？我们不知道。不过谁敢说日本兵不来？所以我们应该有这种准备！

（二）力量不只在武力上表现，还要在生产上表现。要有计划有组织地生产。一般年纪大的人，再要学起来很难，可是我们不要忘记我们的小孩子。有几个小孩子的，总得让他们多受一些科学的训练与生产的训练，从小的时候教起来。我们自己做一些粗工，不要老妈子和佣人去做，小孩子见了，也会跟着大人做了。我有几首儿童歌，是包含使儿童有创造的意思，现在背出来：

我是小盘古，我不怕吃苦。我要开辟新天地，看我手中双斧！（《小盘古》）

我是小牛顿，让人说我笨。我要用我的脑筋，向大自然追问。（《小牛顿》）

我是小孙文，我有革命精神。我要打倒帝国主义，像个球儿打滚。（《小孙文》）

我是小工人，我的双手万能。我要造富的社会，不是造富的个人。（《小工人》）

今天所讲的可归纳为三点：（一）脑与手联合起来才能产生力量；（二）力量要在自卫政策上表现出来；（三）科学生产上头才把这力量表现出来。西洋人的耳朵只听得进的一个字，就是"力"字。你有力，他们听你；你没有力，他们不听你。

现在，我还有四句话要说，就是：

"不愿做工的，不配吃饭；不愿抵抗的，不算好汉。"

今天是我卖讲的头一回，也可说今天是我的处女讲。

[①] 杜重远（1897—1943）：吉林怀德（今公主岭）人。早年留学日本。九一八事变后，在北平（今北京）参与组织东北民众抗日救国会。1934年在上海创办《新生》周刊。1943年被军阀盛世才秘密杀害。

自我再教育

（原载于1946年4月25日《时事新报·教师生活》第10期）

> 我们须要再教育，
> 民主作风贵无比；
> 快拜人民为老师，
> 教育小孩教自己。

每天四问

（原载于1951年4月教育书店版《育才学校》）

这是陶校长在育才学校三周年纪念的晚会上的演讲词。我当时坐在台下听讲，把它默记着，第二天即把它默写下来，送给陶校长改正。他一直忙着，搁置了四年还没动笔修改。去年七月，七周年校庆后五日，陶校长在沪病逝的消息传来，全校震悼。我刚出医院不久，即奉派来上海，继续筹备迁校事宜。临行时，在陶校长房内看见这篇记录原稿，顺便带在手边。现在八周年校庆来到，不能再听到陶校长的殷勤致词了，这是一个难以形容的怆痛！但是温习遗教，发扬遗教，是我们大家的责任。"每天四问"，是我们每天做人做事的警钟，也是一切有血性有志气有正义感的人，做人做事的宝筏，能把我们的人生渡上更高境界的宝筏！将以此来纪念育才学校八周年的成长，以及将来之发扬光大，并以此来祝颂中华民族共同登上光辉灿烂的历史更高境界。

方与严记

一九四七年七月二十五日

今天[①]是本校三周纪念，我有一些意见提出来和大家谈谈，作为先生同学和工友们的参考。

本校从去年的二周纪念到今年的三周纪念，能在这样艰难困苦中支持了一年，几乎是一个奇迹。这一个奇迹，不是一个人的力量所能够做得出来的，

---

① 今天：即1942年7月20日。

而是全体先生同学工友共同坚持，共同进步，共同创造；以及社会关心我们人士的尽力赞助所得来的。

本校在这一年中，好像是我们先生同学工友二百人坐在一只船上，放在嘉陵江中漂流，大的漏洞危险虽然没有，但是小的漏洞是出了一些，这些小漏洞也可能变成大漏洞，使我们的船沉没下去的！然而我们的船没有因为这些小漏洞沉没，竟因为我们这些同船的人，一见有小漏洞，即想尽方法用力去堵塞，有时用手去堵，有时用脚去堵，甚至有时用头用全身的力量去堵，终于把这只船上这些小漏洞堵塞住，而平稳地度过这一年，而达到了目的地，这是一个奇迹，一个共同努力，共同创造的奇迹。

"一切为纪念"，刚才主席说的这一个口号，当然提出的意义是有他的作用的，大家用力对着这一个目的来创造，是很好的。但是我对于这一个口号有点骇怕，骇怕费钱太多，骇怕费力太多，以致筋疲力尽，恐怕得不偿失，所以我主张明年四周纪念，要改变方针，我们的成绩，要从明天起，即开始筹备，日积月累，"水到渠成"的成绩。不要再在短期内来多费钱和多费力量，只要到了明年七月一日，开始把平日的成绩装潢一下，便有很丰富的成绩，再不像今年和去年这样忙了。大家也可以很从容很清闲而有余裕地过着四周年纪念。

现在我提出四个问题，叫做"每天四问"：

第一问：我的身体有没有进步？

第二问：我的学问有没有进步？

第三问：我的工作有没有进步？

第四问：我的道德有没有进步？

第一问："我的身体有没有进步？"

首先，我们每天应该要问的，是"自己的身体有没有进步？有，进步了多少？"为什么要这样问？因为"健康第一"。没有了身体，一切都完了！

这不禁使我想到了去年二周纪念前九日邹秉权同学之死！与今年三周纪念前九日魏国光同学之死！二人之死的日子是恰恰一周年，不过时间上相差八九个钟点罢了。这两位同学的死，使我联想到，我们必须继续建立"健康堡垒"。要建立健康堡垒，必须注意几点：（一）"科学地观察与诊断"。……科学是教我们仔细观察与分析，譬如邹秉权、魏国光两同学之死，尤其是魏国光同学这一次的死，不能不说是我们先生同学的科学的观察力不够。魏国光同学患的是"蛔虫"症候，他在学校寝室内吐过蛔虫，有同房的同学见到没有报告，先生也没有仔细查看，到了医院又在痰盂中吐过蛔虫，又没有留心注意到，这就是科学重证据的"敏感"，而成为一种不科学的"钝感"了！而医生又复大意，则在这种钝感之下据之而误断为"盲肠炎"。虽然他腹痛的部位是盲肠炎的部位，但既称为"炎"，就必得发"热"；今既无热，就可以断定不是盲肠炎了。何以需要开刀割治？！其实魏国光同学的病症是蛔虫积结在肠胃内作怪，不能下达，而向上冲吐了出来！如果，把这吐过蛔虫的证据提出来，医生一定不致遽断为盲肠炎，而开刀，而发炎，而致命！因为魏国光同学之死，我们必须提高"科学的警觉性"。以后遇病，必要拿出科学上铁一般的证据来，才不致有错误的诊断，而损害了身体。否则，都有追踪邹秉权、魏国光两同学之死的危险！所以提高科学的警觉性，是保卫生命的起码条件。最重要还是要用科学的卫生方法，好好地调节自己的身体，不使生病！科学能教我们好好地生活，生存！我们今后应该多提高科学的知能，向着科学努力，努力建立科学的健康堡垒，以保证我们大家的健康和生命。（二）"饮食的调节与改进"。……我这次去重庆，因事到南岸，会到杨耿光[①]先生，杨先生是我们这一年来，经济助力最多最出力的一位热心赞助者。顺便谈到儿童和青年的营养问题，杨先生提到德国对于儿童和青年的营养问题，是无微不至的。德国有一位大学教授，对于自己儿子的营养，说过这样一段话：

[①] 杨耿光（1889—1949）：名杰，字耿光，军事理论家。曾任总司令部总参谋长、陆军大学校长等职。曾给予陶行知所办教育事业极大资助。

"我为什么有这样好的身体,可以担任这样繁重的事情?就是我的父母把我从小起的营养就调节配备得好,所以身体建筑得像钢骨水泥做的一样。身体建筑最好的材料是牛肉,所以我决定每天要给我的儿子吃半斤牛肉,一直到二十五岁,就能够把他的身体建筑成为钢骨水泥做成的一样,可以和我一样担任繁重的大事了。"纳粹德国政府,对于全国儿童及青年身体健康的营养,是无微不至,我们今天关于营养的问题提到德国,并不是要像纳粹德国一样,把儿童和青年的身体培养得坚实强健,然后逼送他们到前线上去当侵略者的炮灰!但是这种注重新生一代的儿童和青年营养问题的办法,是值得注意的。就是苏联是社会主义的国家,对于儿童和青年的营养问题,也是无微不至的,所以它在一切建设上,在抵抗侵略上,到处都表现着活跃的民族青春的活力。其他许多国家政令中亦多注意到儿童和青年的营养问题。我们在今天提出营养问题来,就是为着现在和将来人人能够出任艰巨。悬此为的,以备改进我们的膳食,为国家民族而珍重着每一个人的身体的健康。(三)"预防疲劳的休息"。……"饱食终日,无所用心"固然不对,但是过分的用功,过分的紧张劳苦工作,也于一个人身体的健康有妨害。妨害着脑力的贫弱,妨害着体力的匮乏,甚至于大病,不但耽误了学习和工作,而且减损及于全生命的期限!所以我在去年早已提出"预防疲劳的休息"问题,今天重新提出,希望大家时时提示警觉,预防疲劳,不致使身体过分疲劳。天天能在兴致勃勃中工作学习,健康必然在愉快中进步了。至于已经有人过分疲劳了,要快快作"恢复疲劳的休息"。适当的休息,是健身的主要秘诀之一,万不可忽略。忽略健康的人,就是等于在与自己的生命开玩笑。(四)"用卫生教育代替医生"。……卫生的首要在预防疾病。卫生教育就在于教人预防疾病,减少疾病。卫生教育做得好,虽不能说可以做到百分之百不生病的效果,但至少是可以减少百分之九十的病痛。其余在预防意料之外而发生的只有百分之十的病痛,可是已经是占着很少成分,足以见出卫生教育效力之大了。以现在学校的经济状况说来,是难以支出两三千块钱来请一个医生。我们的学校是穷学校,中国的村庄是穷村庄。我们学校是二百人，若以五口之家计算，是等于一个四十户人家的村庄。若以这个比例来计算，全中国约有一百万个村庄，每村需要请一个医生，便需要有一百万个医生。现在中国的人力和经济力都不允许这样做，不能够这样做，所以我们学校也就决定不这样做，决定不请医生。我们要以决心推进卫生教育的效力来代替医生，以保证健康的胜利。以卫生教育代替医生，在两月前，我已有信来学校，提出十几条具体事实来，希望照行，现在想来，还是不够，需要补充。待补充之后，提交校务会议商决进行。但是今天在此先提出来告诉大家，希望大家多多准备意见，贡献意见。在建立"科学的健康堡垒"上多尽一份力量，便是在卫生教育施行上多一份力量，卫生教育胜利上多一份保证。大家都成为建立"科学的健康堡垒"的主要的成员之一，健将之一，共同来保证"健康第一"的胜利。

第二问："我的学问有没有进步？"

其次，我们每天应该问的，是"自己的学问有没有进步？有，进步了多少？"为什么要这样问？因为"学问是一切前进的活力的源泉"。学问怎样能够进步？重要在有方法研究。现在我想到有五个字，可以帮助我们学问易于进步。哪五个字呢？

第一个，是"一"字。一是"专一"的一。荀子说："好一则博。"这句话是很有精义的。因为有了一个专一问题做中心，从事研究，便可旁搜广引，自然而然地广博起来了。我看世界名人学者对于治学的解释，尚少如此精约的，治学必须"专一"的"一"，这是天经地义的了。"专一"在英文为concentration，我们对于一件事物能够专心一意地研究下去，必然能够有"一旦豁然贯通"之时。所以我希望有能力研究的先生和同学，必须择定一个题目从事研究，即使是一个很小的问题，也可以研究出很深刻很渊博的大道理来。于人于己都可得到切实的益处，而且可能有大的贡献。

第二个,是"集"字。集是"搜集"的集。集照篆字的写法,是这样"📖"好像许多钩钩一样。我们研究学问有了中心题目,便要多多搜集材料。我们便像"📖"的篆写一样,用许多钩钩到处去钩,上下古今、左右中外的钩,前前后后、四面八方的钩,钩集在一起来,好细细研究。"集"字在英文为collection,我们有了丰富的材料,便可以源源本本地彻头彻尾地来研究它一个明明白白,才能够真正理解这个问题的症结所在,才能够"迎刃而解",才能够收得"水到渠成"的效力。所以我希望大家对于每一个问题,都必须多多搜集材料,以便精深地精益求精地研究。在研究上发生力量,在研究上加强创造力量,集体创造,共同创造,在创造上建立起我们事业的新生命,树立起我们事业的新生机,稳定我们事业的新基础。

第三个,是"钻"字。钻是钻进去的钻,就是深入的意思。钻是要费很大的力量,才能够钻得进去,深入到里面去,看得清清楚楚,取得了最宝贵的宝贝。做学问虽不能像钻东西那么钻,但是能够用最好的方法,也可以很快钻进去。我在×国,参观一个金矿,他们开采的机器,是运用大气的压力来发生动力的。我见到他们开采的速度,是比现代所称的"电化"的电力,还不知要增加若干倍咧。我们做学问也是一样,如果我们能够在学术气氛中的大气压力下,发生动力去钻,一定能够深入到里面去,探获学问的根源奥妙与诀窍,而必有很好的收获。"钻"字在英文为penetration,所以我希望大家对于一个问题拿定了,便要尽力向里面钻,钻出一大套道理来,使我们学术气氛有着飞跃的进步。

第四个,是"剖"字。剖是"解剖"的剖,就是"分析"的意思。有些材料钻进去还不够,必须解剖出来看它的真伪,是有用的还是有毒素的?以便取舍,消化运用。"剖"字在英文为analyzation,所以我希望大家对于每一个问题搜集得来的材料,除了钻进深入之外,必须更加着意做一番解剖的功夫,分析入微,如同在解剖刀下,在显微镜下,看得明明白白,分析得清清楚楚,真的有用的没有毒素的就拿来运用;如果是假的有毒素的就舍去抛掉不用。如此，鉴别材料，慎选材料，自然因应适宜了。

第五个，是"韧"字。韧是坚韧，即是鲁迅先生所主张的"韧性战斗"的韧。做学问是一种长期的战斗工作，所以必须有韧性战斗的精神，才能够在长期战斗中，战胜许许多多困难，化除种种障碍，开辟出一条新的道路，走入新的境界。"韧"字在英文中尚难找得一个适当的字来翻译，勉强可以译为toughness，所以我希望大家在做学问上，要用韧性战斗的精神，历久不衰的，始终不懈的，坚持下去，终可达到"柳暗花明又一村"的境界。

我想我们每一个人，能把"一""集""钻""剖""韧"五个字做到了，在做学问上一定有豁然贯通之日，于己于人于社会都有贡献。

第三问："我的工作有没有进步？"

再次，我们每天要问，是"自己担任的工作有没有进步？有，进步了多少？"为什么要这样问？因为工作的好坏影响我们的生活学习都是很大的。我对于工作也提出几点意见，以供大家参考。

第一点最要紧的，是要"站岗位"。各人所负的责任不同，各人有各人的岗位，各人应该站在各人自己的岗位上，守牢自己的岗位，在本岗位上努力，把本岗位的职务做得好，这是尽责任的第一步。我最近在想，人人应该有"站岗位"的教育。站牢在自己的工作岗位上，教育自己知责任，明责任，负责任——教育着自己进步。

第二点最要紧的，是要"敏捷正确"。人常说，做事要"敏捷"，这是对的。但我觉得做事只是做到敏捷还不够，敏捷是敏捷了，因敏捷而做错了怎么办？所以敏捷之下必须加上"正确"二字，工作敏捷而正确才有效力。一件工作在别人做起来需要四小时，你只要二小时或三小时就做好了，而且做得很正确，这才算是工作的效力。工作怎样能够做得敏捷正确呢？这就是靠熟练与精细。粗心大意，是最易弄错弄坏事情的。做事要像做算术的演算一样，要演得快演得正确。

第三点最要紧的，是要"做好为止"。有些人做事，有起头无煞尾，做东丢西，做西丢东，忙过不了，不是一事无成，就是半途而废。我们做事要按照计划，依限完成，就必须毅力坚持，一直到做好为止。

第四问："我的道德有没有进步？"

最后，我们每天要问的，是"自己的道德有没有进步？有，进步了多少？"为什么要这样问？因为道德是做人的根本。根本一坏，纵然使你有一些学问和本领，也无甚用处。否则，没有道德的人，学问和本领愈大，就能为非作恶愈大，所以我在不久以前，就提出"人格防"来，要我们大家"建筑人格长城"。建筑人格长城的基础，就是道德。现在分"公德"和"私德"两方面来说。

先说"公德"。一个集体能不能稳固，是否可以兴盛起来？就要看每一个集体的组成分子，能不能顾到公德，卫护公德，来衡量它。如果一个集体的组成分子，人人以公德为前提，注意着每一个行动，则这一个集体，必然是日益稳固，日益兴盛起来。否则，多数人只顾个人私利，不顾集体利益，则这个集体的基础必然动摇，并且一定是要衰败下去！要不然，就只有把这些不顾公德的分子清除出这个集体；这个集体才有转向新生机的希望。所以我们在每一个行动上，都要问一问是否妨碍了公德？是否有助于公德？妨碍公德的，没有做的即打定决心不做，已经开始做的，立刻停止不做。若是有助于公德的，大家齐心全力来助他成功。

再说"私德"。私德不讲究的人，每每就是成为妨害公德的人，所以一个人私德更是要紧，私德更是公德的根本，私德最重要的是"廉洁"。一切坏心术坏行为，都由不廉洁而起。所以我在讲"建筑人格长城"的时候，提到了杨震的"四知"[①]，甘地的漏夜"还金"，华盛顿的勇敢承认错误，和冯

---

① "四知"：杨震任太守时，昌邑县令王密夜里给杨震送去十斤金子。杨震拒绝收礼。王密说："暮夜无知者。"杨震说："天知，神知，我知，子知。何谓无知？"

焕章①先生所讲的平老静"还金镯"的故事，这些，都是我们大家私德上的好榜样。我们每一个人都可以效法这些榜样，把自己的私德建立起来，建筑起"人格长城"来。由私德的健全，而扩大公德的效用，来为集体谋利益，则我们的学校必然的到了四周年，是有一种高贵的品德成绩表现出来。

  我今天所讲的"每天四问"，提供大家作为进德修业的参考。如果灵活运用的行到做到，明年今日四周纪念的时候，必然可以见出每一个人身体健康上有着大的进步，学问进修上有着大的进步，工作效能上有着大的进步，道德品格上有着大的进步，显出"水到渠成"的进步，而有着大大的进步。

---

① 冯焕章：即冯玉祥（1882—1948），字焕章，西北军阀。著有《军人精神书》《战阵一补》《我的生活》，辑有《冯玉祥日记》《冯焕章演讲集》等。

朱自清

朱自清（1898—1948），原名自华，字佩弦，号实秋，后改名自清。中国散文家、诗人、学者、民主战士。散文代表作有《春》《绿》《背影》《荷塘月色》《匆匆》。

父母的责任

（原载于1923年2月3日《新民意报·星火副刊》）

在很古的时候，做父母的对于子女，是不知道有什么责任的。那时的父母以为生育这件事是一种魔术，由于精灵的作用；而不知却是他们自己的力量。所以那时实是连"父母"的观念也很模糊的；更不用说什么责任了！（哈蒲浩司曾说过这样的话）他们待遇子女的态度和方法，推想起来，不外根据于天然的爱和传统的迷信这两种基础；没有自觉的标准，是可以断言的。后来人知进步，精灵崇拜的思想，慢慢地消除了；一般做父母的便明白子女只是性交的结果，并无神怪可言。但子女对父母的关系如何呢？父母对子女的责任如何呢？那些当仁不让的父母便渐渐地有了种种主张了。且只就中国论，从孟子时候直到现在，所谓正统的思想，大概是这样说的：儿子是延续宗祀的，便是儿子为父母，父母的父母，……而生存。父母要教养儿子成人，成为肖子——小之要能挣钱养家，大之要能荣宗耀祖。但在现在，第二个条件似乎更加重要了。另有给儿子娶妻，也是父母重大的责任——不是对于儿子的责任，是对于他们的先人和他们自己的责任；因为娶媳妇的第一目的，便是延续宗祀！至于女儿，大家都不重视，甚至厌恶的也有。卖她为妓，为妾，为婢，寄养她于别人家，作为别人家的女儿；送她到育婴堂里，都是寻常而不要紧的事；至于看她作"赔钱货"，那是更普通了！在这样情势之下，父母对于女儿，几无责任可言！普通只是生了便养着；大了跟着母亲学些针黹，家事，等着嫁人。这些都没有一定的责任，都只由父母"随意为之"。

只有嫁人，父母却要负些责任，但也颇轻微的。在这些时候，父母对儿子总算有了显明的责任，对女儿也算有了些责任。但都是从子女出生后起算的。至于出生前的责任，却是没有，大家似乎也不曾想到——向他们说起，只怕还要吃惊哩！在他们模糊的心里，大约只有"生儿子""多生儿子"两件，是在子女出生前希望的——却不是责任。虽然那些已过三十岁而没有生儿子的人，便去纳妾，吃补药，千方百计地想生儿子，但究竟也不能算是责任。所以这些做父母的生育子女，只是糊里糊涂给了他们一条生命！因此，无论何人，都有任意生育子女的权利。

近代生物科学及人生科学的发展，使"人的研究"日益精进。"人的责任"的见解，因而起了多少的变化，对于"父母的责任"的见解，更有重大的改正。从生物科学里，我们知道子女非为父母而生存；反之，父母却大部分是为子女而生存！与其说"延续宗祀"，不如说"延续生命"和"延续生命"的天然的要求相关联的，又有"扩大或发展生命"的要求，这却从前被习俗或礼教埋没了的，于今又抬起头来了。所以，现在的父母不应再将子女硬安在自己的型里，叫他们做"肖子"，应该让他们有充足的力量，去自由发展，成功超越自己的人！至于子与女的应受平等待遇，由性的研究的人生科学所说明，以及现实生活所昭示，更其是显然了。这时的父母负了新科学所指定的责任，便不能像从前的随便。他们得知生育子女一面虽是个人的权利，一面更为重要的，却又是社会的服务，因而对于生育的事，以及相随的教养的事，便当负着社会的责任；不应该将子女只看作自己的后嗣而教养他们，应该将他们看作社会的后一代而教养他们！这样，女儿随意怎样待遇都可，和为家族与自己的利益而教养儿子的事，都该被抗议了。这种见解成为风气以后，将形成一种新道德："做父母是'人的'最高尚、最神圣的义务和权利，又是最重大的服务社会的机会！"因此，做父母便不是一件轻率的、容易的事；人们在做父母以前，便不得不将自己的能力忖量一番了。——那些没有做父母的能力而贸然做了父母，以致生出或养成身体上或心思上不健全的子女的，便将受社会与良心的制裁了。在这样社会里，子女们便都有福了。只是，惭愧说的，现在这种新道德还只是理想的境界！

依我们的标准看，在目下的社会里——特别注重中国的社会里，几乎没有负责任的父母！或者说，父母几乎没有责任！花柳病者、酒精中毒者、疯人、白痴都可公然结婚，生育子女！虽然也有人慨叹于他们的子女从他们接受的遗传的缺陷，但却从没有人抗议他们的生育的权利！因之，残疾的、变态的人便无减少的希望了！穷到衣食不能自用的人，却可生出许多子女；宁可让他们忍冻挨饿，甚至将他们送给人，卖给人，却从不怀疑自己的权利！也没有别人怀疑他们的权利！因之，流离失所的，和无教无养的儿童多了！这便决定了我们后一代的悲惨的命运！这正是一般做父母的不曾负着生育之社会的责任的结果。也便是社会对于生育这件事放任的结果。所以我们以为为了社会，生育是不应该自由的；至少这种自由是应该加以限制的！不独精神，身体上有缺陷的，和无养育子女的经济的能力的应该受限制；便是那些不能教育子女，乃至不能按着子女自己所需要和后一代社会所需要而教育他们的，也当受一种道德的制裁。——教他们自己制裁，自觉地不生育，或节制生育。现在有许多富家和小资产阶级的孩子，或因父母溺爱，或因父母事务忙碌，不能有充分的受良好教育的机会，致不能养成适应将来的健全的人格；有些还要受些祖传老店"子曰铺"里的印板教育，那就格外不会有新鲜活泼的进取精神了！在子女多的家庭里，父母照料更不能周全，便更易有这些倾向！这种生育的流弊，虽没有前面两种的厉害，但足以为"进步"的重大的阻力，则是同的！并且这种流弊很通行——试看你的朋友，你的亲戚，你的家族里的孩子，乃至你自己的孩子之中，有哪个真能"自遂其生"的！你将也为他们的——也可说我们的——运命担忧着吧。——所以更值得注意。

现在生活程度渐渐高了，在小资产阶级里，教养一个子女的费用，足以使家庭的安乐缩小，子女的数和安乐的量恰成反比例这件事，是很显然了。

那些贫穷的人也觉得子女是一种重大的压迫了。其实这些情形从前也都存在，只没有现在这样叫人感着吧了。在小资产阶级里，新兴的知识阶级最能锐敏地感到这种痛苦。可是大家虽然感着，却又觉得生育的事是"自然"所支配，非人力所能及，便只有让命运去决定了。直到近两年，生物学的知识，尤其是优生学的知识，渐渐普及于一般知识阶级，于是他们知道不健全的生育是人力可以限制的了。去年山顺夫人来华，传播节育的理论与方法，影响特别地大；从此便知道不独不健全的生育可以限制，便是健全的生育，只要当事人不愿意，也可自由限制的了。于是对于子女的事，比较出生后，更其注重出生前了；于是父母在子女的出生前，也有显明的责任了。父母对于生育的事，既有自由权力，则生出不健全的子女，或生出子女而不能教养，便都是他们的过失。他们应该受良心的责备，受社会的非难！而且看"做父母"为重大的社会服务，从社会的立场估计时，父母在子女出生前的责任，似乎比子女出生后的责任反要大哩！以上这些见解，目下虽还不能成为风气，但确已有了肥嫩的萌芽至少在知识阶级里。我希望知识阶级的努力，一面实行示范，一面尽量将这些理论和方法宣传，到最僻远的地方里，到最下层的社会里；等到父母们不但"知道"自己背上"有"这些责任，并且"愿意"自己背上"负"这些责任，那时基于优生学和节育论的新道德便成立了。这是我们子孙的福音！

  在最近的将来里，我希望社会对于生育的事有两种自觉的制裁：一、道德的制裁，二、法律的制裁。身心有缺陷者，如前举花柳病者等，该用法律去禁止他们生育的权利，便是法律的制裁。这在美国已有八州实行了。但施行这种制裁，必须具备几个条件，才能有效。一要医术发达，并且能获得社会的信赖；二要户籍登记的详确（如遗传性等，都该载入）；三要举行公众卫生的检查；四要有公正有力的政府；五要社会的宽容。这五种在现在的中国，一时都还不能做到，所以法律的制裁便暂难实现；我们只好从各方面努力罢了。但禁止"做父母"的事，虽然还不可能，劝止"做父母"的事，却是随时，随地可以做的。教人知道父母的责任，教人知道现在做父母应该是自由选择的结果——就是人们对生育的事，可以自由去取——教人知道不负责及不能负责的父母是怎样不合理，怎样损害社会，怎样可耻！这都是爱做就可以做的。这样给人一种新道德的标准去自己制裁，便是社会的道德的制裁的出发点了。

所以道德的制裁，在现在便可直接去着手建设的。并且在这方面努力的效果，也容易见些。况不适当的生育当中，除那不健全的生育一项，将来可以用法律制裁外，其余几种似也非法律之力所能及，便非全靠道德去制裁不可。因为，道德的制裁的事，不但容易着手，见效，而且是更为重要；我们的努力自然便该特别注重这一方向了！

不健全的生育，在将来虽可用法律制裁，但法律之力，有时而穷，仍非靠道德辅助不可；况法律的施行，有赖于社会的宽容，而社会宽容的基础，仍必筑于道德之上。所以不健全的生育，也需着道德的制裁；在现在法律的制裁未实现的时候，尤其是这样！花柳病者，酒精中毒者，……我们希望他们自己觉得身体的缺陷，自己忏悔自己的罪孽；便借着忏悔的力量，决定不将罪孽传及子孙，以加重自己的过恶！这便自己剥夺或停止了自己做父母的权利。但这种自觉是很难的。所以我们更希望他们的家族，亲友，时时提醒他们，监视他们，使他们警觉！关于疯人、白痴，则简直全无自觉可言；那是只有靠着他们保护人，家族，亲友的处置了。在这种情形里，我们希望这些保护人等能明白生育之社会的责任及他们对于后一代应有的责任，而知所戒惧，断然剥夺或停止那有缺陷的被保护者的做父母的权利！这几类人最好是不结婚或和异性隔离；至少也当用节育的方法使他们不育！至于说到那些穷到连"养育"子女也不能的，我们教他们不滥育，是很容易得他们的同情的。只需教给他们最简便省钱的节育的方法，并常常向他们恳切地说明和劝导，他们便会渐渐地相信，奉行的。但在这种情形里，教他们相信我们的方法这过程，要比较难些；因为这与他们信自然与命运的思想冲突，又与传统的多子孙的思想冲突——他们将觉得这是一种罪恶，如旧日的打胎一样；并将疑惑这或者是洋人的诡计，要从他们的身体里取出什么的！但是传统的思想，在他们究竟还不是固执的，魔术的怀疑因了宣传方法的巧妙和时日的长久，也可望减缩的；而经济的压迫究竟是眼前不可避免的实际的压迫，他们难以抵抗的！所以只要宣传的得法，他们是容易渐渐地相信，奉行的。只有那些富家——官僚或商人和有些小资产阶级，这道德的制裁的思想是极难侵入的！他们有相当的经济的能力，有固执的传统的思想，他们是不会也不愿知道生育是该受限制的；他们不知道什么是不适当的生育！他们只在自然地生育子女，以传统的态度与方法待遇他们，结果是将他们装在自己的型里，作自己的牺牲！这样尽量摧残了儿童的个性与精神生命的发展，却反以为尽了父母的责任！这种误解责任较不明责任实在还要坏；因为不明的还容易纳入忠告，而误解的则往往自以为是，拘执不肯变更。这种人实在也不配做父母！因为他们并不能负真正的责任。我们对于这些人，虽觉得很不容易使他们相信我们，但总得尽我们的力量使他们能知道些生物进化和社会进化的道理，使他们能以儿童为本位，能"理解他们，指导他们，解放他们"；这样改良从前一切不适当的教养方法。并且要使他们能有这样决心：在他们觉得不能负这种适当的教养的责任，或者不愿负这种责任时，更应该断然采取节育的办法，不再因循，致误人误己。这种宣传的事业，自然当由新兴的知识阶级担负；新兴的知识阶级虽可说也属于小资产阶级里，但关于生育这件事，他们特别感到重大的压迫，因有了彻底的了解，觉醒的态度，便与同阶级的其余部分不同了。

  但是还有一个问题留着：现存的由各种不适当的生育而来的子女们，他们的父母将怎样为他们负责呢？我以为花柳病者等一类人的子女，只好任凭自然先生去下辣手，只不许谬种再得流传便了。贫家子女父母无力教养的，由社会设法尽量收容他们，如多设贫儿院等。但社会收容之力究竟有限的，大部分只怕还是要任凭自然先生去处置！这是很悲惨的事，但经济组织一时既还不能改变，又有什么法儿呢？我们只好"尽其在人"罢了。至于那些以长者为本位而教养儿童的，我们希望他们能够改良，前节已说过了。还有新兴的知识阶级里现在有一种不愿生育子女的倾向；他们对于从前不留意而生育的子女，常觉得冷淡，甚至厌恶，因而不愿为他们尽力。在这里，我要明白指出，生物进化，生命发展的最重要的原则，是前一代牺牲于后一代，牺牲是进步的一个阶梯！愿他们——其实我也在内——为了后一代的发展，而牺牲相当的精力于子女的教养；愿他们以极大的忍耐，为子女们将来的生命构筑坚实的基础，愿他们牢记自己的幸福，同时也不要忘了子女们的幸福！这是很要些涵养工夫的。总之，父母的责任在使子女们得着好的生活，并且比自己的生活好的生活；一面也使社会上得着些健全的、优良的、适于生存的分子；是不能随意的。

为使社会上适于生存的日多，不适于生存的日少，我们便重估了父母的责任：

父母不是无责任的。

父母的责任不应以长者为本位，以家族为本位；应以幼者为本位，社会为本位。

我们希望社会上父母都负责任；没有不负责任的父母！

"做父母是人的最高尚、最神圣的义务和权利，又是最重大的服务社会的机会"，这是生物学、社会学所指给的新道德。

既然父母的责任由不明了到明了是可能的，则由不正确到正确也未必是不可能的；新道德的成立，总在我们的努力，比较父母对子女的责任尤其重大的，这是我们对一切幼者的责任！努力努力！

中年人与青年人

（原载于1939年4月1日《青年公论》第2期）

近来在大学一年级作文班上出了一个题目，叫"青年人与中年人"。从学生的卷子看，他们中间意识到这个问题的重要的，似乎并不多。他们只说，青年人是进取的，中年人是保守的，所以不免有冲突的地方；但青年人与中年人是社会的中坚，双方必须合作，社会才能进步。在这抗战的时候，青年人与中年人的合作，尤其重要；他们若常在冲突着，抗战的力量是要减少的。这些卷子里的结论大概是青年人该从中年人学习经验，中年人该保存着青年时代的进取精神，这样双方就合作起来了。

这些话都不错，不过肤泛些。关于这个问题，我见过两篇好文字。一是丁在君先生给《大公报》写的星期论文，题目可惜忘记了。一是王赣愚先生的《青年与政治》，登在《时衡》里。他们的见解都是很透彻；但丁先生从中年人和青年人两方面说，王先生却只从青年人一方面说。我出那个题目，原希望知道青年人站在自己的立场上是怎样看这个问题，所以题目里将"青年人"放在先头。但是所得的只是上节所述的普泛的意见，没有可以特别注意之点，也许是他们没功夫细想的缘故。我自己对于这个问题的看法，是偏重青年人一方面的。因《青年公论》编者索稿，也写出来供关心这个问题的人参考。

现在有些中年人谈起青年人，总是疾首蹙额，指出他们自私、撒谎、任性、恃众要挟，种种缺点。青年人确有这些毛病，但是向来的青年人怕都免

朱自清

不了这些毛病,不独现在为然。青年期是塑造自己的时期,有些不健全的地方,也是自然的事;矫正与诱导是应当的,因此疾首蹙额,甚至灰心失望,都似乎太悲观一些。况且中年人也不见得就能全免去这些缺点;不过他们在社会上是掌权的人,是有地位的人,维持制度、遵守规则是他们的义务,也是他们的利益,所以任性妄为的比较少些。照这样说,那一些中年人为什么那样特别不痛快青年人呢?难道他们的脾气特别坏么?不是;这是另有缘故的。

这缘故,据我看,就在那"恃众要挟"一点上。从前青年人虽然也有种种毛病,虽然有时也反抗家长、反抗学校,但没有强固的集团组织,不能发挥很大的力量。中年人若要去矫正和诱导他们,似乎还不太难。自从五四运动以来,青年人的集团组织渐渐发达,他们这种集团组织在社会上也有了相当的地位。经过五卅运动,这种集团组织更进步了,更强固了。这些时候,居于直接指导地位的中年人和青年人之间,似乎还相当融洽,看不出什么冲突的现象。因为这一班中年人在政治上无宁是同情于青年人的。九一八以来,情形却不同了。政府的政策能见谅于这一班居于直接指导地位的中年人,却又不能见谅于他们所指导的青年人。青年人开始不信任政府,不信任学校,不信任他们的直接指导人。中年人和青年人之间开始有了冲突,这冲突逐渐尖锐化,到一二·九时期,达到了最高峰。主要的原因是双方政见的歧异。

中年人和青年人的对立便是从这些日子起的。在这种局面之下,青年人一面利用他们的强固的集团组织从事救亡运动,一面也利用这种组织的力量,向学校作请求免除考试等无理的要求。青年人集团组织的发展,原是个好现象。但滥用集团的力量,恃众要挟,却是该矫正的。困难便在这里。青年集团的领袖人物,为强固他们的集团起见,一面努力救亡工作,一面也得谋他们集团的利益;这样才能使大多数青年都拥护起集团来。集团的性质似乎本来如此,不独青年集团为然,这需矫正和诱导;但若因为矫正和诱导的麻烦而认为集团力量不该发展,那却是错的。

这种矫正和诱导确是很困难的,那时青年人既不信任学校,却不能或不愿离开学校。在他们，至少他们的领袖的心目中，学校大约只是一个发展集团组织的地方，只是一个发展救亡运动的地方。他们对于学校的看法，若果如此，那就无怪乎他们要常常蔑视学校的纪律了。在学校里发展集团组织，作救亡运动，原都可以；但学校还有传授知识、训练技能、培养品性等等主要的使命，若只有集团组织和救亡运动两种作用，学校便失去它们存在的理由，至少是变了质了。这是居于直接指导地位的中年人所不能同意的。他们去矫正和诱导都感觉不大容易；即使有效果，也是很小很慢的。因此有些人便不免愤慨起来了。

抗战以来，青年人对于政府，至少对于最高的领袖，有了信任心，对于学校和指导他们的人，也比较信任些。中年人和青年人的对立，似乎不像从前那样尖锐化了，可是政见的歧异显然还存在着。这个得看将来的变化。政府固然也可以施行一种政治训练，但效果不知如何。现在居于指导地位的中年人所能作的，似乎还只是努力学术研究，不屈不挠地执行学校纪律，尽力矫正和诱导青年人，给予他们良好的知识、技能和品性的训练。将来的社会、将来的中国是青年人的；他们是现在的中年人的继承者。他们或好或不好，现在的中年人总不能免除责任。所以无论如何困难，总要本着孔子"知其不可而为之"，"不知老之将至"的精神作去。哪怕只有一点一滴的成效呢，中年人总算是为国家社会尽了力了。

朱自清

论青年

（原载于 1931 年 11 月 1 日《时代青年》）

冯友兰先生在《新事论·赞中华》篇里第一次指出现在一般人对于青年的估价超过老年之上。这扼要地说明了我们的时代。这是青年时代，而这时代该从五四运动开始。从那时起，青年人才抬起了头，发现了自己，不再仅仅地做祖父母的孙子，父母的儿子，社会的小孩子。他们发现了自己，发现了自己的群，发现了自己和自己的群的力量。他们跟传统斗争，跟社会斗争，不断地在争取自己领导权甚至社会领导权，要名副其实地做新中国的主人。但是，像一切时代一切社会一样，中国的领导权掌握在老年人和中年人的手里，特别是中年人的手里。于是乎来了青年的反抗，在学校里反抗师长，在社会上反抗统治者。他们反抗传统和纪律，用怠工，有时也用挺击。中年统治者记得五四以前青年的沉静，觉着现在青年爱捣乱，惹麻烦，第一步打算压制下去。可是不成。于是乎敷衍下去。敷衍到了难以收拾的地步，来了集体训练，开出新局面，可是还得等着瞧呢。

青年反抗传统，反抗社会，自古已然，只是一向他们低头受压，使不出大力气，见得沉静罢了。家庭里父代和子代闹别扭是常见的，正是压制与反抗的征象。政治上也有老少两代的斗争，汉朝的贾谊到戊戌六君子，例子并不少。中年人总是在统治的地位，老年人势力足以影响他们的地位时，就是老年时代，青年人势力足以影响他们的地位时，就是青年时代。老年和青年的势力互为消长，中年人却总是在位，因此无所谓中年时代。老年人的衰朽，是过去，青年人还幼稚，是将来，占有现在的只是中年人。他们一面得安慰老年人，培植青年人，一面也在讥笑前者，烦厌后者。安慰还是顺的，培植却常是逆的，所以更难。培植是凭中年人的学识经验做标准，大致要养成有为有守爱人爱物的中国人。青年却恨这种切近的典型的标准妨碍他们飞跃的理想。他们不甘心在理想还未疲倦的时候就被压进典型里去，所以总是挣扎着，在憧憬那海阔天空的境界。中年人不能了解青年人为什么总爱旁逸斜出不走正路，说是时代病。其实这倒是成德达材的大路；压迫着，挣扎着，材德的达成就在这两种力的平衡里。这两种力永恒的一步步平衡着，自古已然，不过现在更其表面化罢了。

青年人爱说自己是"天真的""纯洁的"。但是看看这时代，老练的青年可真不少。老练却只是工于自谋，到了临大事，决大疑，似乎又见得幼稚了。青年要求进步，要求改革，自然很好，他们有的是奋斗的力量。不过大处着眼难，小处下手易，他们的饱满的精力也许终于只用在自己的物质的改革跟进步上；于是骄奢淫逸，无所不为，有利无义，有我无人。中年里原也不缺少这种人，效率却赶不上青年的大。眼光小还可以有一步路，便是做自了汉，得过且过地活下去；或者更退一步，遇事消极，马马虎虎对付着，一点不认真。中年人这两种也够多的。可是青年时就染上这些习气，未老先衰，不免更教人毛骨悚然。所幸青年人容易回头，"浪子回头金不换"，不像中年人往往将错就错，一直沉到底里去。

青年人容易脱胎换骨改样子，是真可以自负之处；精力足，岁月长，前路宽，也是真可以自负之处。总之可能多。可能多倚仗就大，所以青年人狂。人说青年时候不狂，什么时候才狂？不错。但是这狂气到时候也得收拾一下，不然会忘其所以的。青年人爱讽刺，冷嘲热骂，一学就成，挥之不去；但是这只足以取快一时，久了也会无聊起来的。青年人骂中年人逃避现实，圆通，不奋斗，妥协，自有他们的道理。不过青年人有时候让现实笼罩住，伸不出头，张不开眼，只模糊地看到面前一段儿路，真是"前不见古人，后不见来者"。

朱自清

这又是小处。若是能够偶然到所谓"世界外之世界"里歇一下脚，也许可以将自己放大些。青年也有时候偏执不回，过去一度以为读书就不能救国就是的。那时蔡孑民先生却指出"读书不忘救国，救国不忘读书"。这不是妥协，而是一种权衡轻重的圆通观。懂得这种圆通，就可以将自己放平些。能够放大自己，放平自己，才有真正的"工作与严肃"，这里就需要奋斗了。

蔡孑民先生不愧人师，青年还是需要人师。用不着满口仁义道德，道貌岸然，也用不着一手摊经，一手握剑，只要认真而亲切地服务，就是人师。但是这些人得组织起来，通力合作。讲情理，可是不敷衍，重诱导，可还归到守法上。不靠婆婆妈妈气去乞怜青年人，不靠甜言蜜语去买好青年人，也不靠刀子手枪去示威青年人。只言行一致后先一致的按着应该做的放胆放手做去。不过基础得打在学校里；学校不妨尽量社会化，青年训练却还是得在学校里。学校好像实验室，可以严格地计划着进行一切；可不是温室，除非让它堕落到那地步。训练该注重集体的，集体训练好，个体也会改样子。人说教师只消传授知识就好，学生做人，该自己磨练去。但是得先有集体训练，教青年有胆量帮助人，制裁人，然后才可以让他们自己磨练去。这种集体训练的大任，得教师担当起来。现行的导师制注重个别指导，琐碎而难实践，不如缓办，让大家集中力量到集体训练上。学校以外倒是先有了集中训练，从集中军训起头，跟着来了各种训练班。前者似乎太单纯了，效果和预期差得多，后者好像还差不多。不过训练班至多只是百尺竿头更进一步，培植根基还得在学校里。在青年时代，学校的使命更重大了，中年教师的责任也更重大了，他们得任劳任怨地领导一群群青年人走上那成德达材的大路。

论自己

（原载于1942年11月15日《人世间》第1卷第2期）

翻开辞典，"自"字下排列着数目可观的成语，这些"自"字多指自己而言。这中间包括一大堆哲学，一大堆道德，一大堆诗文和废话，一大堆人，一大堆我，一大堆悲喜剧。自己"真乃天下第一英雄好汉"，有这么些可说的，值得说值不得说的！难怪纽约电话公司研究电话里最常用的字，在五百次通话中会发现三千九百九十次的"我"。这"我"字便是自己称自己的声音，自己给自己的名儿。

自爱自怜！真是天下第一英雄好汉也难免的，何况区区寻常人！冷眼看去，也许只觉得那托自尊大狂妄得可笑；可是这只见了真理的一半儿。掉过脸儿来，自爱自怜确实也有不得不自爱自怜的。幼小时候有父母爱怜你，特别是有母亲爱怜你。到了长大成人，"娶了媳妇儿忘了娘"，娘这样看时就不必再爱怜你，至少不必再像当年那样爱怜你。——女的呢，"嫁出门的女儿，泼出门的水"；做母亲的虽然未必这样看，可是形格势禁①而且鞭长莫及，就是爱怜得着，也只算找补点罢了。爱人该爱怜你？然而爱人们的嘴一例是甜蜜的，谁能说"你泥中有我，我泥中有你！"真有那么回事儿？赶到爱人变了太太，再生了孩子，你算成了家，太太得管家管孩子，更不能一心儿爱怜你。你有时候会病，"久病床前无孝子"，太太怕也够倦的，够烦的。住医院？好，假如有运气住到像当年北平协和医院样的医院里去，倒是比家里强

---

① 形格势禁：意谓解纷救斗时抓住要害，使之因形势的限制而自然解开。后谓事情为形势所阻，无法进行。

得多。但是护士们看护你，是服务，是工作；也许夹上点儿爱怜在里头，那是"好生之德"，不是爱怜你，是爱怜"人类"。——你又不能老呆在家里，一离开家，怎么着也算"作客"；那时候更没有爱怜你的。可以有朋友招呼你；但朋友有朋友的事儿，哪能教他将心常放在你身上？可以有属员或仆役伺候你，那——说得上是爱怜么？总而言之，天下第一爱怜自己的，只有自己；自爱自怜的道理就在这儿。

再说，"大丈夫不受人怜。"穷有穷干，苦有苦干；世界那么大，凭自己的身手，哪儿就打不开一条路？何必老是向人愁眉苦脸唉声叹气的！愁眉苦脸不顺耳，别人会来爱怜你？自己免不了伤心的事儿，咬紧牙关忍着，等些日子，等些年月，会平静下去的。说说也无妨，只别不拣时候不看地方老是向人叨叨，叨叨得谁也不耐烦地岔开你或者躲开你。也别怨天怨地将一大堆感叹的句子向人身上扔过去。你怨的是天地，倒碍不着别人，只怕别人奇怪你的火气怎么这样大。——自己也免不了吃别人的亏。值不得计较的，不做声吞下肚去。出入大的想法子复仇，力量不够，卧薪尝胆地准备着。可别这儿那儿尽嚷嚷——嚷嚷完了一扔开，倒便宜了那欺负你的人。"好汉胳膊折了往袖子里藏"，为的是不在人面前露怯相，要人爱怜这"苦人儿"似的，这是要强，不是装。说也怪，不受人怜的人倒是能得人怜的人；要强的人总是最能自爱自怜的人。

大丈夫也罢，小丈夫也罢，自己其实是渺乎其小的，整个儿人类只是一个小圆球上一些碳水化合物，像现代一位哲学家说的，别提一个人的自己了。庄子所谓马体一毛，其实还是放大了看的。英国有一家报纸登过一幅漫画，画着一个人，仿佛在一间铺子里，周遭陈列着从他身体里分析出来的各种元素，每种标明分量和价目，总数是五先令——那时合七元钱。现在物价涨了，怕要合国币一千元了罢？然而，个人的自己也就值区区这一千元儿！自己这般渺小，不自爱自怜着点又怎么着！然而，"顶天立地"的是自己，"天地与我并生，万物与我为一"的也是自己；有你说这些大处只是好听的话语，好看的文句？你能愣说这样的自己没有！有这么的自己，岂不更值得自爱自怜的？再说自己的扩大，在一个寻常人的生活里也可见出。且先从小处看。小孩子就爱搜集各国的邮票，正是在扩大自己的世界。从前有人劝学世界语，说是可以和各国人通信。你觉得这话幼稚可笑？可是这未尝不是扩大自己的一个方向。再说这回抗战，许多人都走过了若干地方，增长了若干阅历。特别是青年人身上，你一眼就看出来，他们是和抗战前不同了，他们的自己扩大了。——这样看，自己的小，自己的大，自己的由小而大。在自己都是好的。

自己都觉得自己好，不错；可是自己的确也都爱好。做官的都爱做好官，不过往往只知道爱做自己家里人的好官，自己亲戚朋友的好官；这种好官往往是自己国家的贪官污吏。做盗贼的也都爱做好盗贼——好喽啰，好伙伴，好头儿，可都只在贼窝里。有大好，有小好，有好得这样坏。自己关闭在自己的丁点大的世界里，往往越爱好越坏。所以非扩大自己不可。但是扩大自己得一圈儿一圈儿的，得充实，得踏实。别像肥皂泡儿，一大就裂。"大丈夫能屈能伸"，该屈的得屈点儿，别只顾伸出自己去。也得估计自己的力量。力量不够的话，"人一能之，己百之，人十能之，己千之"；得寸是寸，得尺是尺。总之路是有的。看得远，想得开，把得稳；自己是世界的时代的一环，别脱了节才真算好。力量怎样微弱，可是自己的。相信自己，靠自己，随时随地尽自己的一份儿往最好里做去，让自己活得有意思，一时一刻一分一秒都有意思。这么着，自爱自怜才真是有道理的。

朱自清

论别人

（原载于 1942 年 8 月 16 日《文聚》）

有自己才有别人，也有别人才有自己。人人都懂这个道理，可是许多人不能行这个道理。本来自己以外都是别人，可是有相干的，有不相干的。可以说是"我的"那些，如我的父母妻子，我的朋友等，是相干的别人，其余的是不相干的别人。相干的别人和自己合成家族亲友；不相干的别人和自己合成社会国家。自己也许愿意只顾自己，但是自己和别人是相对的存在，离开别人就无所谓自己，所以他得顾到家族亲友，而社会国家更要他顾到那些不相干的别人。所以"自了汉"不是好汉，"自顾自"不是好话，"自私自利""不顾别人死活""只知有己，不知有人"的，更都不是好人。所以孔子之道只是个忠恕：忠是己之所欲，以施于人，恕是"己所不欲，勿施于人"。这是一件事的两面，所以说"一以贯之"。孔子之道，只是教人为别人着想。

可是儒家有"亲亲之杀"的话，为别人着想也有个层次。家族第一，亲戚第二，朋友第三，不相干的别人挨边儿。几千年来顾家族是义务，顾别人多多少少只是义气；义务是分内，义气是分外。可是义务似乎太重了，别人压住了自己。这才来了五四时代。这是个自我解放的时代，个人从家族的压迫下挣出来，开始独立在社会上。于是乎自己第一，高于一切，对于别人，几乎什么义务也没有了似的。可是又都要改造社会，改造国家，甚至于改造世界，说这些是自己的责任。虽然是责任，却是无限的责任，爱尽不尽，爱尽多少尽多少；反正社会国家世界都可以只是些抽象名词，不像一家老小在张着嘴等着你。所以自己照顾自己，在实际上第一，兼顾社会国家世界，在名义上第一。这算是义务。顾到别人，无论相干的不相干的，都只是义气，而且是客气。这些解放了的，以及生得晚没有赶上那种压迫的人，既然自己高于一切，别人自当不在眼下，而居然顾到别人，自当算是客气。其实在这些天之骄子各自的眼里，别人都似乎为自己活着，都得来供养自己才是道理。"我爱我"成为风气，处处为自己着想，说是"真"；为别人着想倒说是"假"，是"虚伪"。可是这儿"假"倒有些可爱，"真"倒有些可怕似的。

为别人着想其实也只是从自己推到别人，或将自己当作别人，和为自己着想并无根本的差异。不过推己及人，设身处地，确需要相当的勉强，不像"我爱我"那样出于自然。所谓"假"和"真"大概是这种意思。这种"真"未必就好，这种"假"也未必就是不好。读小说看戏，往往会为书中人戏中人捏一把汗，掉眼泪，所谓替古人担忧。这也是推己及人，设身处地；可是因为人和地只在书中戏中，并非实有，没有利害可计较，失去相干的和不相干的那分别，所以"推""设"起来，也觉自然而然。作小说的演戏的就不能如此，得观察，揣摩，体贴别人的口气，身份，心理，才能达到"逼真"的地步。特别是演戏，若不能忘记自己，那非糟不可。这个得勉强自己，训练自己；训练越好，越"逼真"，越美，越能感染读者和观众。如果"真"是"自然"，小说的读者，戏剧的观众那样为别人着想，似乎不能说是"假"。小说的作者，戏剧的演员的观察，揣摩，体贴，似乎"假"，可是他们能以达到"逼真"的地步，所求的还是"真"。在文艺里为别人着想是"真"，在实生活里却说是"假""虚伪"，似乎是利害的计较使然；利害的计较是骨子，"真""假""虚伪"只是好看的门面罢了。计较利害过了分，真是像法朗士说的"关闭在自己的牢狱里"；老那么关闭着，非死不可。这些人幸而还能读小说看戏，该仔细吟味，从那里学习学习怎样为别人着想。

五四以来，集团生活发展。这个那个集团和家族一样是具体的，不像社会国家有时可以只是些抽象名词。集团生活将原不相干的别人变成相干的别人，要求你也训练你顾到别人，至少是那广大的相干的别人。集团的约束力似乎一直在增强中，自己不得不为别人着想。那自己第一，自己高于一切的信念似乎渐渐低下头去了。可是来了抗战的大时代。抗战的力量无疑地出于二十年来集团生活的发展。可是抗战以来，集团生活发展得太快了，这儿那儿不免有多少还不能够得着均衡的地方。个人就又出了头，自己就又可以高于一切；现在却不说什么"真"和"假"了，只凭着神圣的抗战的名字做那些自私自利的事，名义上是顾别人，实际上只顾自己。自己高于一切，自己的集团或机关也就高于一切；自己肥，自己机关肥，别人瘦，别人机关瘦，乐自己的，管不着！——瘦瘪了，饿死了，活该！相信最后的胜利到来的时候，别人总会压下那些猖獗的卑污的自己的。这些年自己实在太猖獗了，总盼望压下它的头去。自然，一个劲儿顾别人也不一定好。仗义忘身，急人之急，确是英雄好汉，但是难得见。常见的不是敷衍妥协的乡愿[1]，就是卑屈甚至谄媚的可怜虫，这些人只是将自己丢进了垃圾堆里！可是，有人说得好，人生是个比例问题。目下自己正在张牙舞爪的，且头痛医头，脚痛医脚，先来多想想别人罢！

---

[1] 乡愿：指乡里貌似谨厚，而实与流俗合污的伪善者。

论诚意

（原载于1941年1月5日《星期评论》第8期）

诚伪是品性，却又是态度。从前论人的诚伪，大概就品性而言。诚实，诚笃，至诚，都是君子之德；不诚便是诈伪的小人。品性一半是生成，一半是教养；品性的表现出于自然，是整个儿的为人。说一个人是诚实的君子或诈伪的小人，是就他的行迹总算账。君子大概总是君子，小人大概总是小人。虽然说气质可以变化，盖了棺才能论定人，那只是些特例。不过一个社会里，这种定型的君子和小人并不太多，一般常人都浮沉在这两界之间。所谓浮沉，是说这些人自己不能把握住自己，不免有诈伪的时候。这也是出于自然。还有一层，这些人对人对事有时候自觉地加减他们的诚意，去适应那局势。这就是态度。态度不一定反映出品性来；一个诚实的朋友到了不得已的时候，也会撒个谎什么的。态度出于必要，出于处世的或社交的必要，常人是免不了这种必要的。这是"世故人情"的一个项目。有时可以原谅，有时甚至可以容许。态度的变化多，在现代多变的社会里也许更会使人感兴趣些。我们嘴里常说的，笔下常写的"诚恳""诚意"和"虚伪"等词，大概都是就态度说的。

但是一般人用这几个词似乎太严格了一些。照他们的看法，不诚恳无诚意的人就未免太多。而年轻人看社会上的人和事，除了他们自己以外差不多尽是虚伪的。这样用"虚伪"那个词，又似乎太宽泛了一些。这些跟老先生们开口闭口说"人心不古，世风日下"同样犯了笼统的毛病。一般人似乎将品性和态度混为一谈，年轻人也如此，却又加上了"天真""纯洁"种种幻想。诚实的品性确是不可多得，但人孰无过，不论哪方面，完人或圣贤总是很少的。我们恐怕只能宽大些，卑之无甚高论，从态度上着眼。不然无谓的烦恼和纠纷就太多了。至于天真纯洁，似乎只是儿童的本分——老气横秋的儿童实在不顺眼。可是一个人若总是那么天真纯洁下去，他自己也许还没有什么，给别人的麻烦却就太多。有人赞美"童心""孩子气"，那也只限于无关大体的小节目，取其可以调剂调剂平板的氛围气。若是重要关头也如此，那时天真恐怕只是任性，纯洁恐怕只是无知罢了。幸而不诚恳，无诚意，虚伪等等已经成了口头禅，一般人只是跟着大家信口说着，至多皱皱眉，冷笑笑，表示无可奈何的样子就过去了。自然也短不了认真的，那却苦了自己，甚至于苦了别人。年轻人容易认真，容易不满意，他们的不满意往往是社会改革的动力。可是他们也得留心，若是在诚伪的分别上认真得过了分，也许会成为虚无主义者。

　　人与人事与事之间各有分际，言行最难得恰如其分。诚意是少不得的，但是分际不同，无妨斟酌加减点儿。种种礼数或过场就是从这里来的。有人说礼是生活的艺术，礼的本意应该如此。日常生活里所谓客气，也是一种礼数或过场。有些人觉得客气太拘形迹，不见真心，不是诚恳的态度。这些人主张率性自然。率性自然未尝不可，但是得看人去。若是一见生人就如此这般，就有点野了。即使熟人，毫无节制的率性自然也不成。夫妇算是熟透了的，有时还得"相敬如宾"，别人可想而知。总之，在不同的局势下，率性自然可以表示诚意，客气也可以表示诚意，不过诚意的程度不一样罢了。客气要大方，合身份，不然就是诚意太多；诚意太多，诚意就太贱了。

　　看人，请客，送礼，也都是些过场。有人说这些只是虚伪的俗套，无聊的玩意儿。但是这些其实也是表示诚意的。总得心里有这个人，才会去看他，请他，送他礼，这就有诚意了。至于看望的次数，时间的长短，请作主客或陪客，送礼的情形，只是诚意多少的分别，不是有无的分别。看人又有回看，请客有回请,送礼有回礼,也只是回答诚意。古语说得好,"来而不往非礼也",无论古今,人情总是一样的。有一个人送年礼,转来转去,自己送出去的礼物,有一件竟又回到自己手里。他觉得虚伪无聊,当作笑谈。笑谈确乎是的,但是诚意还是有的。又一个人路上遇见一个本不大熟的朋友向他说,"我要来看你。"这个人告诉别人说,"他用不着来看我,我也知道他不会来看我,你瞧这句话才没意思哪!"那个朋友的诚意似乎是太多了。凌叔华女士写过一个短篇小说,叫做《外国规矩》,说一位青年留学生陪着一位旧家小姐上公园,尽招呼她这样那样的。她以为让他爱上了,哪里知道他行的只是"外国规矩"!这喜剧由于那位旧家小姐不明白新礼数,新过场,多估量了那位留学生的诚意。可见诚意确是有分量的。

　　人为自己活着,也为别人活着。在不伤害自己身份的条件下顾全别人的情感,都得算是诚恳,有诚意。这样宽大的看法也许可以使一些人活得更有兴趣些。西方有句话:"人生是做戏。"做戏也无妨,只要有心往好里做就成。客气等等一定有人觉得是做戏,可是只要为了大家好,这种戏也值得做的。另一方面,诚恳,诚意也未必不是戏。现在人常说,"我很诚恳地告诉你","我是很有诚意的",自己标榜自己的诚恳,诚意,大有卖瓜的说瓜甜的神气,诚实的君子大概不会如此。不过一般人也已习惯自然,知道这只是为了增加诚意的分量,强调自己的态度,跟买卖人的吆喝到底不是一回事儿。常人到底是常人,得跟着局势斟酌加减他们的诚意,变化他们的态度;这就不免沾上了些戏味。西方还有句话,"诚实是最好的政策","诚实"也只是态度;这似乎也是一句戏词儿。

正 义

（选自《我们的七月》上海亚东图书馆 1924 年版）

人间的正义是在哪里呢？

正义是在我们的心里！从明哲的教训和见闻的意义中，我们不是得着大批的正义么？但白白的搁在心里，谁也不去取用，却至少是可惜的事。两石白米堆在屋里，总要吃它干净，两箱衣服堆在屋里，总要轮流穿换，一大堆正义却扔在一旁，满不理会，我们真大方，真舍得！看来正义这东西也真贱，竟抵不上白米的一个尖儿，衣服的一个扣儿。——爽性用它不着，倒也罢了，谁都又装出一副发急的样子，张张皇皇地寻觅着。这个葫芦里卖的什么药？我的聪明的同伴呀，我真想不通了！

我不曾见过正义的面，只见过它的弯曲的影儿——在"自我"的唇边，在"威权"的面前，在"他人"的背后。

正义可以做幌子，一个漂亮的幌子，所以谁都愿意念着它的名字。"我是正经人，我要做正经事"，谁都像他的同伴这样隐隐地自诩着。但是除了用以"自诩"之外，正义对于他还有什么作用呢？他独自一个时，在生人中间时，早忘了它的名字，而去创造"自己的正义"了！他所给予正义的，只是让它的影儿在他的唇边闪烁一番而已。但是，这毕竟不算十分辜负正义，比那凭着正义的名字以行罪恶的，还胜一筹。可怕的正是这种假名行恶的人。他嘴里唱着正义的名字，手里却满满地握着罪恶；他将这些罪恶送给社会，粘上金碧辉煌的正义的签条送了去。社会凭着他所唱的名字和所粘的签条，欣然受了这份礼；就是明知道是罪恶，也还是欣然受了这份礼！易卜生"社会栋梁"一出戏，就是这种情形。这种人的唇边，虽更频繁地闪烁着正义的弯曲的影儿，但是深藏在他们心底的正义，只怕早已霉了，烂了，且将毁灭了。在这些人里，我见不着正义！

在亲子之间，师傅学徒之间，军官兵士之间，上司属僚之间，似乎有正义可见了，但是也不然。卑幼大抵顺从他们长上的，长上要施行正义于他们，他们诚然是不"能"违抗的——甚至"父教子死，子不得不死"一类话也说出来了。他们发现有形的扑鞭和无形的赏罚在长上们的背后，怎敢去违抗呢？长上们凭着威权的名字施行正义，他们怎敢不遵呢？但是你私下问他们，"信么？服么？"他们必摇摇他们的头，甚至还奋起他们的双拳呢！这正是因为长上们不凭着正义的名字而施行正义的缘故了。这种正义只能由长上行于卑幼，卑幼是不能行于长上的，所以是偏颇的；这种正义只能施于卑幼，而不能施于他人，所以是破碎的；这种正义受着威权的鼓弄，有时不免要扩大到它的应有的轮廓之外，那时它又是肥大的。这些仍旧只是正义的弯曲的影儿。不凭着正义的名字而施行正义，我在这等人里，仍旧见不着它！

在没有威权的地方，正义的影儿更弯曲了。名位与金钱的面前，正义只剩淡如水的微痕了。你瞧现在一班大人先生见了所谓督军等人的劲儿！他们未必愿意如此的，但是一当了面，估量着对手的名位，就不免心里一软，自然要给他一些面子——于是不知不觉地就敷衍起来了。至于平常的人，偶然见了所谓名流，也不免要吃一惊，那时就是心里有一百二十个不以为然，也只好姑且放下，另做出一番"足恭"的样子，以表倾慕之诚。所以一班达官通人，差不多是正义的化外之民，他们所做的都是合于正义的，乃全他们所做的就是正义了！——在他们实在无所谓正义与否了。呀！这样，正义岂不已经沦亡了？却又不然。须知我只说"面前"是无正义的，"背后"的正义却幸而还保留着。社会的维持，大部分或者就靠着这背后的正义罢。但是背后的正义，力量究竟是有限的，因为隔开一层，不由的就单弱了。一个为富不仁的人，背后虽然免不了人们的指摘，面前却只有恭敬。一个华服翩翩的人，犯了违警律，就是警察也要让他五分。这就是我们的正义了！我们的正义百分之九十九是在背后的，而在极亲近的人间，有时连这个背后的正义也没有！因为太亲近了，什么也可以原谅了，什么也可以马虎了，正义就任怎么弯曲也可以了。背后的正义只有在生疏的人们间。生疏的人们间，没有什么密切的关系，自然可以用上正义这个幌子。至于一定要到背后才叫出正义来，那全是为了情面的缘故。情面的根柢大概也是一种同情，一种廉价的同情。现在的人们只喜欢廉价的东西，在正义与情面两者中，就尽先取了情面，而将正义放在背后。在极亲近的人间，情面的优先权到了最大限度，正义就几乎等于零，就是在背后也没有了。背后的正义虽也有相当的力量，但是比起面前的正义就大大的不同，启发与戒惧的功能都如搀了水的薄薄的牛乳似的——于是仍旧只算是一个弯曲的影儿。在这些人里，我更见不着正义！

　　人间的正义究竟是在哪里呢？满藏在我们心里！为什么不取出来呢？它没有优先权！在我们心里，第一个尖儿是自私，其余就是威权，势力，亲疏，情面等等；等到这些角色一一演毕，才轮得到我们可怜的正义。你想，时候已经晚了，它还有出台的机会么？没有！所以你要正义出台，你就得排除一切，让它做第一个尖儿。你得凭着它自己的名字叫它出台。你还得抖擞精神，准备一副好身手，因为它是初出台的角儿，捣乱的人必多，你得准备着打——不打不成相识呀！打得站住了脚携住了手，那时我们就能从容地瞻仰正义的面目了。

论气节

(原载于1947年5月1日《知识与生活》第2期)

气节是我国固有的道德标准，现代还用着这个标准来衡量人们的行为，主要的是所谓读书人或士人的立身处世之道。但这似乎只在中年一代如此，青年一代倒像不大理会这种传统的标准，他们在用着正在建立的新的标准，也可以叫做新的尺度。中年一代一般的接受这传统，青年一代却不理会它，这种脱节的现象是这种变化的时代或动乱时代常有的。因此就引不起什么讨论。直到近年，冯雪峰先生才将这标准这传统作为问题提出，加以分析和批判：这是在他的《乡风与市风》那本杂文集里。

冯先生指出"士节"的两种典型：一是忠臣，一是清高之士。他说后者往往因为脱离了现实，成为"为节而节"的虚无主义者，结果往往会变了节。他却又说"士节"是对人生的一种坚定的态度，是个人意志独立的表现。因此也可以成就接近人民的叛逆者或革命家，但是这种人物的造就或完成，只有在后来的时代，例如我们的时代。冯先生的分析，笔者大体同意；对这个问题笔者近来也常常加以思索，现在写出自己的一些意见，也许可以补充冯先生所没有说到的。

气和节似乎原是两个各自独立的意念。《左传》上有"一鼓作气"的话，是说战斗的。后来所谓"士气"就是这个气，也就是"斗志"；这个"士"指的是武士。孟子提倡的"浩然之气"，似乎就是这个气的转变与扩充。他说"至大至刚"，说"养勇"，都是带有战斗性的。"浩然之气"是"集义所生","义"就是"有理"或"公道"。后来所谓"义气",意思要狭隘些,可也算是"浩然之气"的分支。现在我们常说的"正义感",虽然特别强调现实,似乎也还可以算是跟"浩然之气"联系着的。至于文天祥所歌咏的"正气",更显然跟"浩然之气"一脉相承。不过在笔者看来两者却并不完全相同,文氏似乎在强调那消极的节。

节的意念也在先秦时代就有了,《左传》里有"圣达节,次守节,下失节"的话。古代注重礼乐,乐的精神是"和",礼的精神是"节"。礼乐是贵族生活的手段,也可以说是目的。他们要定等级,明分际,要有稳固的社会秩序,所以要"节",但是他们要统治,要上统下,所以也要"和"。礼以"节"为主,可也得跟"和"配合着;乐以"和"为主,可也得跟"节"配合着。节跟和是相反相成的。明白了这个道理,我们可以说所谓"圣达节"等等的"节",是从礼乐里引申出来成了行为的标准或做人的标准;而这个节其实也就是传统的"中道"。按说"和"也是中道,不同的是"和"重在合,"节"重在分;重在分所以重在不犯不乱,这就带上消极性了。

向来论气节的,大概总从东汉末年的党祸起头。那是所谓处士横议[①]的时代。在野的士人纷纷地批评和攻击宦官们的贪污政治,中心似乎在太学。这些在野的士人虽然没有严密的组织,却已经在联合起来,并且博得了人民的同情。宦官们害怕了,于是乎逮捕拘禁那些领导人。这就是所谓"党锢"或"钩党","钩"是"钩连"的意思。从这两个名称上可以见出这是一种群众的力量。那时逃亡的党人,家家愿意收容着,所谓"望门投止",也可以看出人民的态度,这种党人,大家尊为气节之士。气是敢作敢为,节是有所不为——有所不为也就是不合作。这敢作敢为是以集体的力量为基础的,跟孟子的"浩然之气"与世俗所谓"义气"只注重领导者的个人不一样。后来宋朝几千太学生请愿罢免奸臣,以及明朝东林党的攻击宦官,都是集体运动,也都是气节的表现。但是这种表现里似乎积极的"气"更重于消极的"节"。

---

① 处士横议:指没有做官的读书人纵论时政,乱发议论。

在专制时代的种种社会条件之下，集体的行动是不容易表现的，于是士人的立身处世就偏向了"节"这个标准。在朝的要做忠臣。这种忠节或是表现在冒犯君主尊严的直谏上，有时因此牺牲性命；或是表现在不做新朝的官甚至以身殉国上。忠而至于死，那是忠而又烈了。在野的要做清高之士，这种人表示不愿和在朝的人合作，因而游离于现实之外；或者更逃避到山林之中，那就是隐逸之士了。这两种节，忠节与高节，都是个人的消极的表现。忠节至多造就一些失败的英雄，高节更只能造就一些明哲保身的自了汉，甚至于一些虚无主义者。原来气是动的，可以变化。我们常说志气，志是心之所向，可以在四方，可以在千里，志和气是配合着的。节却是静的，不变的；所以要"守节"，要不"失节"。有时候节甚至于是死的，死的节跟活的现实脱了榫，于是乎自命清高的人结果变了节，冯雪峰先生论到周作人，就是眼前的例子。从统治阶级的立场看，"忠言逆耳利于行"，忠臣到底是卫护着这个阶级的，而清高之士消纳了叛逆者，也是有利于这个阶级的。所以宋朝人说"饿死事小，失节事大"，原先说的是女人，后来也用来说士人，这正是统治阶级代言人的口气，但是也表示着到了那时代士的个人地位的增高和责任的加重。

"士"或称为"读书人"，是统治阶级最下层的单位，并非"帮闲"。他们的利害跟君相是共同的，在朝固然如此，在野也未尝不如此。固然在野的处士可以不受君臣名分的束缚，可以"不事王侯，高尚其事"，但是他们得吃饭，这饭恐怕还得靠农民耕给他们吃，而这些农民大概是属于他们做官的祖宗的遗产的。"躬耕"往往是一句门面话，就是偶然有个把真正躬耕的如陶渊明，精神上或意识形态上也还是在负着天下兴亡之责的士，陶的《述酒》等诗就是证据。可见处士虽然有时横议，那只是自家人吵嘴闹架，他们生活的基础一般的主要的还是在农民的劳动上，跟君主与在朝的大夫并无两样，而一般的主要的意识形态，彼此也是一致的。

然而士终于变质了，这可以说是到了民国时代才显著。从清朝末年开设学校，教员和学生渐渐加多，他们渐渐各自形成一个集团；其中有不少的人参加革新运动或革命运动，而大多数也倾向着这两种运动。这已是气重于节了。等到民国成立，理论上人民是主人，事实上是军阀争权。这时代的教员和学生意识着自己的主人身份，游离了统治的军阀；他们是在野，可是由于军阀政治的腐败，却渐渐获得了一种领导的地位。他们虽然还不能和民众打成一片，但是已经在渐渐地接近民众。五四运动划出了一个新时代。自由主义建筑在自由职业和社会分工的基础上。教员是自由职业者，不是官，也不是候补的官。学生也可以选择多元的职业，不是只有做官一路。他们于是从统治阶级独立，不再是"士"或所谓"读书人"，而变成了"知识分子"，集体的就是"知识阶级"。残余的"士"或"读书人"自然也还有，不过只是些残余罢了。这种变质是中国现代化的过程的一段，而中国的知识阶级在这过程中也曾尽了并且还在想尽他们的任务，跟这时代世界上别处的知识阶级一样，也分享着他们一般的运命。若用气节的标准来衡量，这些知识分子或这个知识阶级开头是气重于节，到了现在却又似乎是节重于气了。

知识阶级开头凭着集团的力量勇猛直前，打倒种种传统，那时候是敢作敢为一股气。可是这个集团并不大，在中国尤其如此，力量到底有限，而与民众打成一片又不容易，于是碰到集中的武力，甚至加上外来的压力，就抵挡不住。而一方面广大的民众抬头要饭吃，他们也没法满足这些饥饿的民众。他们于是失去了领导的地位，逗留在这夹缝中间，渐渐感觉着不自由，闹了个"四大金刚悬空八只脚"。他们于是只能保守着自己，这也算是节罢；也想缓缓地落下地去，可是气不足，得等着瞧。可是这里的是偏于中年一代。青年一代的知识分子却不如此，他们无视传统的"气节"，特别是那种消极的"节"，替代的是"正义感"，接着"正义感"的是"行动"，其实"正义感"是合并了"气"和"节"，"行动"还是"气"。这是他们的新的做人的尺度。等到这个尺度成为标准，知识阶级大概是还要变质的罢？

论雅俗共赏

（原载于1947年11月18日《观察》第3卷第11期）

陶渊明有"奇文共欣赏，疑义相与析"的诗句，那是一些"素心人"的乐事，"素心人"当然是雅人，也就是士大夫。这两句诗后来凝结成"赏奇析疑"一个成语，"赏奇析疑"是一种雅事，俗人的小市民和农家子弟是没有份儿的。然而又出现了"雅俗共赏"这一个成语，"共赏"显然是"共欣赏"的简化，可是这是雅人和俗人或俗人跟雅人一同在欣赏，那欣赏的大概不会还是"奇文"罢。这句成语不知道起于什么时代，从语气看来，似乎雅人多少得理会到甚至迁就着俗人的样子，这大概是在宋朝或者更后罢。

原来唐朝的安史之乱可以说是我们社会变迁的一条分水岭。在这之后，门第迅速地垮了台，社会的等级不像先前那样固定了，"士"和"民"这两个等级的分界不像先前的严格和清楚了，彼此的分子在流通着，上下着。而上去的比下来的多，士人流落民间的究竟少，老百姓加入士流的却渐渐多起来。王侯将相早就没有种了，读书人到了这时候也没有种了；只要家里能够勉强供给一些，自己有些天分，又肯用功，就是个"读书种子"；去参加那些公开的考试，考中了就有官做，至少也落个绅士。这种进展经过唐末跟五代的长期的变乱加了速度，到宋朝又加上印刷术的发达，学校多起来了，士人也多起来了，士人的地位加强，责任也加重了。这些士人多数是来自民间的新的分子，他们多少保留着民间的生活方式和生活态度。他们一面学习和享受那些雅的，一面却还不能摆脱或蜕变那些俗的。人既然很多，大家是这样，

朱自清

也就不觉其寒尘；不但不觉其寒尘，还要重新估定价值，至少也得调整那旧来的标准与尺度。"雅俗共赏"似乎就是新提出的尺度或标准，这里并非打倒旧标准，只是要求那些雅士理会到或迁就些俗士的趣味，好让大家打成一片。当然，所谓"提出"和"要求"，都只是不自觉地看来是自然而然的趋势。

中唐的时期，比安史之乱还早些，禅宗的和尚就开始用口语记录大师的说教。用口语为的是求真与化俗，化俗就是争取群众。安史之乱后，和尚的口语记录更其流行，于是乎有了"语录"这个名称，"语录"就成为一种著述体了。到了宋朝，道学家讲学，更广泛地留下了许多语录；他们用语录，也还是为了求真与化俗，还是为了争取群众。所谓求真的"真"，一面是如实和直接的意思。禅家认为第一义是不可说的。语言文字都不能表达那无限的可能，所以是虚妄的。然而实际上语言文字究竟是不免要用的一种"方便"，记录文字自然越近实际的、直接的说话越好。在另一面这"真"又是自然的意思，自然才亲切，才让人容易懂，也就是更能收到化俗的功效，更能获得广大的群众。道学主要的是中国的正统的思想，道学家用了语录做工具，大大地增强了这种新的文体的地位，语录就成为一种传统了。比语录体稍稍晚些，还出现了一种宋朝叫做"笔记"的东西。这种作品记述有趣味的杂事，范围很宽，一方面发表作者自己的意见，所谓议论，也就是批评，这些批评往往也很有趣味。作者写这种书，只当做对客闲谈，并非一本正经，虽然以文言为主，可是很接近说话。这也是给大家看的，看了可以当做"谈助"，增加趣味。宋朝的笔记最发达，当时盛行，流传下来的也很多。目录家将这种笔记归在"小说"项下，近代书店汇印这些笔记，更直题为"笔记小说"；中国古代所谓"小说"，原是指记述杂事的趣味作品而言的。

那里我们得特别提到唐朝的"传奇"。"传奇"据说可以见出作者的"史才、诗笔、议论"，是唐朝士子在投考进士以前用来送给一些大人先生看，介绍自己，求他们给自己宣传的。其中不外乎灵怪、艳情、剑侠三类故事，显然是以供给"谈助"，引起趣味为主。无论照传统的意念，或现代的意念，这些"传奇"无疑的是小说，一方面也和笔记的写作态度有相类之处。照陈寅恪先生的意见，这种"传奇"大概起于民间，文士是仿作，文字里多口语化的地方。陈先生并且说唐朝的古文运动就是从这儿开始。他指出古文运动的领导者韩愈的《毛颖传》，正是仿"传奇"而作。我们看韩愈的"气盛言宜"的理论和他的参差错落的文句，也正是多多少少在口语化。他的门下的"好难""好易"两派，似乎原来也都是在试验如何口语化。可是"好难"的一派过分强调了自己，过分想出奇制胜，不管一般人能够了解欣赏与否，终于被人看做"诡"和"怪"而失败，于是宋朝的欧阳修继承了"好易"的一派的努力而奠定了古文的基础。以上说的种种，都是安史乱后几百年间自然的趋势，就是那雅俗共赏的趋势。

宋朝不但古文走上了"雅俗共赏"的路，诗也走向这条路。胡适之先生说宋诗的好处就在"做诗如说话"，一语破地指出了这条路。自然，这条路上还有许多曲折，但是就像不好懂的黄山谷，他也提出了"以俗为雅"的主张，并且点化了许多俗语成为诗句。实践上"以俗为雅"，并不从他开始，梅圣俞、苏东坡都是好手，而苏东坡更胜。据记载梅和苏都说过"以俗为雅"这句话，可是不大靠得住；黄山谷却在《再次杨明叔韵》一诗的"引"里郑重地提出"以俗为雅，以故为新"，说是"举一纲而张万目"。他将"以俗为雅"放在第一，因为这实在可以说是宋诗的一般作风，也正是"雅俗共赏"的路。但是加上"以故为新"，路就曲折起来，那是雅人自赏，黄山谷所以终于不好懂了。不过黄山谷虽然不好懂，宋诗却终于回到了"做诗如说话"的路，这"如说话"，的确是条大路。

雅化的诗还不得不回向俗化，刚刚来自民间的词，在当时不用说自然是"雅俗共赏"的。别瞧黄山谷的有些诗不好懂，他的一些小词可够俗的。柳耆卿更是个通俗的词人。词后来虽然渐渐雅化或文人化，可是始终不能雅到诗的地位，它怎么着也只是"诗馀"。词变为曲，不是在文人手里变，是在民间变的；曲又变得比词俗，虽然也经过雅化或文人化，可是还雅不到词的

朱自清

163

地位，它只是"词馀"。一方面从晚唐和尚的俗讲演变出来的宋朝的"说话"就是说书，乃至后来的平话以及章回小说，还有宋朝的杂剧和诸宫调等等转变成功的元朝的杂剧和戏文，乃至后来的传奇，以及皮簧戏，更多半是些"不登大雅"的"俗文学"。这些除元杂剧和后来的传奇也算是"词馀"以外，在过去的文学传统里简直没有地位；也就是说这些小说和戏剧在过去的文学传统里多半没有地位，有些有点地位，也不是正经地位。可是虽然俗，大体上却"俗不伤雅"，虽然没有什么地位，却总是"雅俗共赏"的玩艺儿。

"雅俗共赏"是以雅为主的，从宋人的"以俗为雅"以及常语的"俗不伤雅"，更可见出这种宾主之分。起初成群俗士蜂拥而上，固然逼得原来的雅士不得不理会到甚至迁就着他们的趣味，可是这些俗士需要摆脱的更多。他们在学习，在享受，也在蜕变，这样渐渐适应那雅化的传统，于是乎新旧打成一片，传统多多少少变了质继续下去。前面说过的文体和诗风的种种改变，就是新旧双方调整的过程，结果迁就的渐渐不觉其为迁就，学习的也渐渐习惯成了自然，传统的确稍稍变了质，但是还是文言或雅言为主，就算跟民众近了一些，近得也不太多。

至于词曲，算是新起于俗间，实在以音乐为重，文辞原是无关轻重的；"雅俗共赏"，正是那音乐的作用。后来雅士们也曾分别将那些文辞雅化，但是因为音乐性太重，使他们不能完成那种雅化，所以词曲终于不能达到诗的地位。而曲一直配合着音乐，雅化更难，地位也就更低，还低于词一等。可是词曲到了雅化的时期，那"共赏"的人却就雅多而俗少了。真正"雅俗共赏"的是唐、五代、北宋的词，元朝的散曲和杂剧，还有平话和章回小说以及皮簧戏等。皮簧戏也是音乐为主，大家直到现在都还在哼着那些粗俗的戏词，所以雅化难以下手，虽然一二十年来这雅化也已经试着在开始。平话和章回小说，传统里本来没有，雅化没有合式的榜样，进行就不易。《三国演义》虽然用了文言，却是俗化的文言，接近口语的文言，后来的《水浒》《西游记》《红楼梦》等就都用白话了。不能完全雅化的作品在雅化的传统里不能有地位，至少不能有正经的地位。雅化程度的深浅，决定这种地位的高低或有没有，一方面也决定"雅俗共赏"的范围的小和大——雅化越深，"共赏"的人越少，越浅也就越多。所谓多少，主要的是俗人，是小市民和受教育的农家子弟。在传统里没有地位或只有低地位的作品，只算是玩艺儿；然而这些才接近民众，接近民众却还能教"雅俗共赏"，雅和俗究竟有共通的地方，不是不相理会的两橛了。

单就玩艺儿而论，"雅俗共赏"虽然是以雅化的标准为主，"共赏"者却以俗人为主。固然，这在雅方得降低一些，在俗方也得提高一些，要"俗不伤雅"才成；雅方看来太俗，以至于"俗不可耐"的，是不能"共赏"的。但是在什么条件之下才会让俗人所"赏"的，雅人也能来"共赏"呢？我们想起了"有目共赏"这句话。孟子说过"不知子都之姣者，无目者也"，"有目"是反过来说，"共赏"还是陶诗"共欣赏"的意思。子都的美貌，有眼睛的都容易辨别，自然也就能"共赏"了。孟子接着说："口之于味也，有同嗜焉；耳之于声也，有同听焉；目之于色也，有同美焉。"这说的是人之常情，也就是所谓人情不相远。但是这不相远似乎只限于一些具体的、常识的、现实的事物和趣味。譬如北平罢，故宫和颐和园，包括建筑，风景和陈列的工艺品，似乎是"雅俗共赏"的，天桥在雅人的眼中似乎就有些太俗了。说到文章，俗人所能"赏"的也只是常识的，现实的。后汉的王充出身是俗人，他多多少少代表俗人说话，反对难懂而不切实用的辞赋，却赞美公文能手。公文这东西关系雅俗的现实利益，始终是不曾完全雅化了的。再说后来的小说和戏剧，有的雅人说《西厢记》诲淫，《水浒传》诲盗，这是"高论"。实际上这一部戏剧和这一部小说都是"雅俗共赏"的作品。《西厢记》无视了传统的礼教，《水浒传》无视了传统的忠德，然而"男女"是"人之大欲"之一，"官逼民反"，也是人之常情，梁山泊的英雄正是被压迫的人民所想望的。俗人固然同情这些，一部分的雅人，跟俗人相距还不太远的，也未尝不高兴这两部书说出了他们想说而不敢说的。这可以说是一种快感，一种趣味，可并不是低级趣味；这是有

朱自清

关系的,也未尝不是有节制的。"诲淫""诲盗"只是代表统治者的利益的说话。

19世纪20世纪之交是个新时代,新时代给我们带来了新文化,产生了我们的知识阶级。这知识阶级跟从前的读书人不大一样,包括了更多的从民间来的分子,他们渐渐跟统治者拆伙而走向民间。于是乎有了白话正宗的新文学,词曲和小说戏剧都有了正经的地位。还有种种欧化的新艺术。这种文学和艺术却并不能让小市民来"共赏",不用说农工大众。于是乎有人指出这是新绅士也就是新雅人的欧化,不管一般人能够了解欣赏与否。他们提倡"大众语"运动。但是时机还没有成熟,结果不显著。抗战以来又有"通俗化"运动,这个运动并已经在开始转向大众化。"通俗化"还分别雅俗,还是"雅俗共赏"的路,大众化却更进一步要达到那没有雅俗之分,只有"共赏"的局面。这大概也会是所谓由量变到质变罢。

低级趣味

(原载于1946年《新生报》)

从前论人物，论诗文，常用雅俗两个词来分别。有所谓雅致，有所谓俗气。雅该原是都雅，都是城市，这个雅就是成都人说的"苏气"。俗该原是鄙俗，鄙是乡野，这个俗就是普通话里的"土气"。城里人大方，乡下人小样，雅俗的分别就在这里。引申起来又有文雅、古雅、闲雅、淡雅等。例如说话有书卷气是文雅，客厅里摆设些古董是古雅，临事从容不迫是闲雅，打扮素净是淡雅。那么，粗话村话就是俗，美女月份牌就是俗，忙着开会应酬就是俗，重重的胭脂厚厚的粉就是俗。人如此，诗文也如此。

雅俗由于教养。城里人生活优裕的多些，他们教养好，见闻多，乡下人自然比不上。雅俗却不是呆板的。教养高可以化俗为雅。宋代诗人如苏东坡，诗里虽然用了俗词俗语，却新鲜有意思，正是淡雅一路。教养不到家而要附庸风雅，就不免做作，不能自然。从前那些斗方名士终于"雅得这样俗"，就在此。苏东坡常笑话某些和尚的诗有蔬笋气，有酸馅气。蔬笋气，酸馅气不能不算俗气。用力去写清苦求淡雅，倒不能脱俗了。雅俗是人品，也是诗文品，称为雅致，称为俗气，这"致"和"气"正指自然流露，做作不得。虽是自然流露，却非自然生成。天生的雅骨，天生的俗骨其实都没有，看生在什么人家罢了。

现在讲平等不大说什么雅俗了，却有了低级趣味这一个语。从前雅俗对待，但是称人雅的时候多，骂人俗的时候少。现在有低级趣味，却不说高级

朱自清

趣味，更不敢说高等趣味。因为高等华人成了骂人的话，高得那么低，谁还敢说高等趣味！再说趣味这词也带上了刺儿，单讲趣味就不免低级，那么说高级趣味岂不自相矛盾？但是趣味究竟还和低级趣味不一样。"低级趣味"很像是日本名词，现在用在文艺批评上，似乎是指两类作品而言。一类是色情的作品，一类是玩笑的作品。

色情的作品引诱读者纵欲，不是一种"无关心"的态度，所以是低级。可是带有色情的成分而表现着灵肉冲突的，却当别论。因为灵肉冲突是人生的根本课题，作者只要认真在写灵肉冲突，而不像历来的猥亵小说在头尾装上一套劝善惩恶的话做幌子，那就虽然有些放纵，也还可以原谅。玩笑的作品油嘴滑舌，像在做双簧说相声，这种作者成了小丑，成了帮闲，有别人，没自己。他们笔底下的人生是那么轻飘飘的，所谓骨头没有四两重。这个可跟真正的幽默不同。真正的幽默含有对人生的批评，这种油嘴滑舌的玩笑，只是不择手段打哈哈罢了。这两类作品都只是迎合一般人的低级趣味来骗钱花的。

与低级趣味对峙着的是纯正严肃。我们可以说趣味纯正，但是说严肃却说态度严肃，态度比趣味要广大些。单讲趣味似乎总有点轻飘飘的；说趣味纯正却大不一样。纯就是不杂；写作或阅读都不杂有什么实际目的，只取"无关心"的态度，就是纯。正是正经，认真，也就是严肃。严肃和真的幽默并不冲突，例如《阿Q正传》；而这种幽默也是纯正的趣味。色情的和玩笑的作品都不纯正，不严肃，所以是低级趣味。

论书生的酸气

（原载于1947年11月29日《世纪评论》第2卷第22期）

读书人又称书生。这固然是个可以骄傲的名字，如说"一介书生""书生本色"，都含有清高的意味。但是正因为清高，和现实脱了节，所以书生也是嘲讽的对象。人们常说"书呆子""迂夫子""腐儒""学究"等，都是嘲讽书生的。"呆"是不明利害，"迂"是绕大弯儿，"腐"是顽固守旧，"学究"是指一孔之见。总之，都是知古不知今，知书不知人，食而不化地读死书或死读书，所以在现实生活里老是吃亏、误事、闹笑话。总之，书生的被嘲笑是在他们对于书的过分的执着上；过分地执着书，书就成了话柄了。

但是还有"寒酸"一个话语，也是形容书生的。"寒"是"寒素"，对"膏粱"而言，是魏晋南北朝分别门第的用语。"寒门"或"寒人"并不限于书生，武人也在里头；"寒士"才指书生。这"寒"指生活情形，指家世出身，并不关涉到书；单这个字也不含嘲讽的意味。加上"酸"字成为连语，就不同了，好像一副可怜相活现在眼前似的。"寒酸"似乎原作"酸寒"。韩愈《荐士》诗，"酸寒溧阳尉"，指的是孟郊。后来说"郊寒岛瘦"，孟郊和贾岛都是失意的人，作的也是失意诗。"寒"和"瘦"映衬起来，够可怜相的，但是韩愈说"酸寒"，似乎"酸"比"寒"重。可怜别人说"酸寒"，叮怜自己也说"酸寒"，所以苏轼有"故人留饮慰酸寒"的诗句。陆游有"书生老瘦转酸寒"的诗句。"老瘦"固然可怜相，感激"故人留饮"也不免有点儿。范成大说"酸"是"书生气味"，但是他要"洗尽书生气味酸"，那大概是所谓"大丈夫不受人怜"罢？

朱自清

为什么"酸"是"书生气味"呢？怎么样才是"酸"呢？话柄似乎还是在书上。我想这个"酸"原是指读书的声调说的。晋以来的清谈很注重说话的声调和读书的声调。说话注重音调和辞气，以朗畅为好。读书注重声调，从《世说新语·文学》篇所记殷仲堪的话可见；他说，"三日不读《道德经》，便觉舌本闲强"，说到舌头，可见注重发音，注重发音也就是注重声调。《任诞》篇又记王孝伯说，"名士不必须奇才，但使常得无事，痛饮酒，熟读《离骚》，便可称名士。"这"熟读《离骚》"该也是高声朗诵，更可见当时风气。《豪爽》篇记"王司州（胡之）在谢公（安）坐，咏《离骚》《九歌》'入不言兮出不辞，乘回风兮载云旗'，语人云，'当尔时，觉一坐无人。'"正是这种名士气的好例。读古人的书注重声调，读自己的诗自然更注重声调。《文学》篇记着袁宏的故事：

袁虎（宏小名虎）少贫，尝为人佣载运租。谢镇西经船行，其夜清风朗月，闻江渚间估客船上有咏诗声，甚有情致，所诵五言，又其所未尝闻，叹美不能已。即遣委曲讯问，乃是袁自咏其所作咏史诗。因此相要，大相赏得。

从此袁宏名誉大盛，可见朗诵关系之大。此外《世说新语》里记着"吟啸""啸咏""讽咏""讽诵"的还很多，大概也都是在朗诵古人的或自己的作品罢。

这里最可注意的是所谓"洛下书生咏"或简称"洛生咏"。《晋书·谢安传》说：

安本能为洛下书生咏。有鼻疾，故其音浊。名流爱其咏而弗能及，或手掩鼻以效之。

《世说新语·轻诋》篇却记着：

人问顾长康"何以不作洛生咏？"答曰，"何至作老婢声！"

刘孝标注，"洛下书生咏音重浊，故云'老婢声'。"所谓"重浊"，似乎就是过分悲凉的意思。当时诵读的声调似乎以悲凉为主。王孝伯说"熟读《离骚》，便可称名士"，王胡之在谢安坐上咏的也是《离骚》《九歌》，都是《楚辞》。当时诵读《楚辞》，大概还知道用楚声楚调，乐府曲调里也正有楚调。而楚声楚调向来是以悲凉为主的。当时的诵读大概受到和尚的梵诵或梵唱的影响很大，梵诵或梵唱主要的是长吟，就是所谓"咏"。《楚辞》本多长句，楚声楚调配合那长吟的梵调，相得益彰，更可以"咏"出悲凉的"情致"来。袁宏的咏史诗现存两首，第一首开始就是"周昌梗概臣"一句，"梗概"就是"慷慨""感慨"；"慷慨悲歌"也是一种"书生本色"。沈约《宋书·谢灵运传》论所举的五言诗名句，钟嵘《诗品·序》里所举的五言诗名句和名篇，差不多都是些"慷慨悲歌"。《晋书》里还有一个故事。晋朝曹摅的《感旧》诗有"富贵他人合，贫贱亲戚离"两句。后来殷浩被废为老百姓，送他的心爱的外甥回朝，朗诵这两句，引起了身世之感，不觉泪下。这是悲凉的朗诵的确例。但是自己若是并无真实的悲哀，只去学时髦，捏着鼻子学那悲哀的"老婢声"的"洛生咏"，那就过了分，那也就是赵宋以来所谓"酸"了。

唐朝韩愈有《八月十五夜赠张功曹》诗，开头是：

纤云四卷天无河，
清风吹空月舒波，
沙平水息声影绝，
一杯相属君当歌。

接着说：

君歌声酸辞且苦，
不能听终泪如雨。

接着就是那"酸"而"苦"的歌辞：

洞庭连天九疑高，
蛟龙出没猩鼯号。
十生九死到官所，
幽居默默如藏逃。

> 下床畏蛇食畏药,
> 海气湿蛰熏腥臊。
> 昨者州前捶大鼓,
> 嗣皇继圣登夔皋。
> 赦书一日行万里,
> 罪从大辟皆除死。
> 迁者追回流者还,
> 涤瑕荡垢朝清班。
> 州家申名使家抑,
> 坎坷只得移荆蛮。
> 判司卑官不堪说,
> 未免捶楚尘埃间。
> 同时辈流多上道,
> 天路幽险难追攀!

张功曹是张署,和韩愈同被贬到边远的南方。顺宗即位,只奉命调到近一些的江陵做个小官儿,还不得回到长安去,因此有了这一番冤苦的话。这是张署的话,也是韩愈的话。但是诗里却接着说:

> 君歌且休听我歌,
> 我歌今与君殊科。

韩愈自己的歌只有三句:

> 一年明月今宵多,
> 人生由命非由他,
> 有酒不饮奈明何!

他说认命算了,还是喝酒赏月罢。这种达观其实只是苦情的伪装而已。前一段"歌"虽然辞苦声酸,倒是货真价实,并无过分之处,由那"声酸"知道吟诗的确有一种悲凉的声调,而所谓"歌"其实只是讽咏。大概汉朝以来不像春秋时代一样，士大夫已经不会唱歌，他们大多数是书生出身，就用讽咏或吟诵来代替唱歌。他们——尤其是失意的书生——的苦情就发泄在这种吟诵或朗诵里。

战国以来，唱歌似乎就以悲哀为主，这反映着动乱的时代。《列子·汤问》篇记秦青"抚节悲歌，声振林木，响遏行云"，又引秦青的话，说韩娥在齐国雍门地方"曼声哀哭，一里老幼悲愁垂涕相对，三日不食"，后来又"曼声长歌，一里老幼，善跃抃舞，弗能自禁"。这里说韩娥虽然能唱悲哀的歌，也能唱快乐的歌，但是和秦青自己独擅悲歌的故事合看，就知道还是悲歌为主。再加上齐国杞梁殖的妻子哭倒了城的故事，就是现在还在流行的孟姜女哭倒长城的故事，悲歌更为动人，是显然的。书生吟诵，声酸辞苦，正和悲歌一脉相传。但是声酸必须辞苦，辞苦又必须情苦；若是并无苦情，只有苦辞，甚至连苦辞也没有，只有那供人酸鼻的声调，那就过了分，不但不能动人，反要遭人嘲弄了。书生往往自命不凡，得意的自然有，却只是少数，失意的可太多了。所以总是叹老嗟卑，长歌当哭，哭丧着脸一副可怜相。朱子在《楚辞辨证》里说汉人那些模仿的作品"诗意平缓，意不深切，如无所疾痛而强为呻吟者"。"无所疾痛而强为呻吟"就是所谓"无病呻吟"。后来的叹老嗟卑也正是无病呻吟。有病呻吟是紧张的，可以得人同情，甚至叫人酸鼻，无病呻吟，病是装的，假的，呻吟也是装的，假的，假装可以酸鼻的呻吟，酸而不苦像是丑角扮戏，自然只能逗人笑了。

苏东坡有《赠诗僧道通》的诗：

> 雄豪而妙苦而腴，
> 只有琴聪与蜜殊。
> 语带烟霞从古少，
> 气含蔬笋到公无。
> ……

查慎行注引叶梦得《石林诗话》说：

> 近世僧学诗者极多，皆无超然自得之趣，往往掇拾摹仿士大夫所残弃，又自作一种体，格律尤俗，谓之"酸馅气"。子瞻……尝语人云，"颇解'蔬笋'语否？为无'酸馅气'也。"闻者无不失笑。

东坡说道通的诗没有"蔬笋"气，也就没有"酸馅气"，和尚修苦行，吃素，没有油水，可能比书生更"寒"更"瘦"；一味反映这种生活的诗，好像酸了的菜馒头的馅儿，干酸，吃不得，闻也闻不得，东坡好像是说，苦不妨苦，只要"苦而腴"，有点儿油水，就不至于那么扑鼻酸了。这酸气的"酸"还是从"声酸"来的。而所谓"书生气味酸"该就是指的这种"酸馅气"。和尚虽苦，出家人原可"超然自得"，却要学吟诗，就染上书生的酸气了。书生失意的固然多，可是叹老嗟卑的未必真的穷苦到他们嗟叹的那地步，倒是"常得无事"，就是"有闲"，有闲就无聊，无聊就作成他们的"无病呻吟"了。宋初西昆体[①]的领袖杨亿讥笑杜甫是"村夫子"，大概就是嫌他叹老嗟卑的太多。但是杜甫"窃比稷与契"，嗟叹的其实是天下之大，决不止于自己的鸡虫得失。杨亿是个得意的人，未免忘其所以，才说出这样不公道的话。可是像陈师道的诗，叹老嗟卑，吟来吟去，只关一己，的确叫人腻味。这就落了套子，落了套子就不免有些"无病呻吟"，也就是有些"酸"了。

道学的兴起表示书生的地位加高，责任加重，他们更其自命不凡了，自嗟自叹也更多了。就是眼光如豆的真正的"村夫子"或"三家村学究"，也要哼哼唧唧地在人面前卖弄那背得的几句死书，来嗟叹一切，好搭起自己的读书人的空架子。鲁迅先生笔下的"孔乙己"，似乎是个更破落的读书人，然而"他对人说话，总是满口之乎者也，教人半懂不懂的。"人家说他偷书，他却争辩着，"窃书不能算偷……窃书！……读书人的事，能算偷么？""接连便是难懂的话，什么'君子固穷'，什么'者乎'之类，引得众人都哄笑起来"。孩子们看着他的茴香豆的碟子。

孔乙己着了慌，伸开五指将碟子罩住，弯下腰去说道："不多了，我

[①] 西昆体：北宋真宗时出现的一种诗风，后亦兼指骈俪文风。

已经不多了。"直起身又看一看豆,自己摇头说:"不多不多!多乎哉?不多也。"于是这一群孩子都在笑声里走散了。

　　破落到这个地步,却还只能"满口之乎者也",和现实的人民隔得老远的,"酸"到这地步真是可笑又可怜了。"书生本色"虽然有时是可敬的,然而他的酸气总是可笑又可怜的。最足以表现这种酸气的典型,似乎是戏台上的文小生,尤其是昆曲里的文小生,那哼哼唧唧、扭扭捏捏、摇摇摆摆的调调儿,真够"酸"的!这种典型自然不免夸张些,可是许差不离儿罢。

　　向来说"寒酸""穷酸",似乎酸气老聚在失意的书生身上。得意之后,见多识广,加上"一行作吏,此事便废",那时就会不再执着在书上,至少不至于过分地执着在书上,那"酸气味"是可以多多少少"洗"掉的。而失意的书生也并非都有酸气。他们可以看得开些,所谓达观,但是达观也不易,往往只是伪装。他们可以看远大些,"梗概而多气"是雄风豪气,不是酸气。至于近代的知识分子,让时代逼得不能读死书或死读书,因此也就不再执着那些古书。文言渐渐改了白话,吟诵用不上了;代替吟诵的是又分又合的朗诵和唱歌。最重要的是他们看清楚了自己,自己是在人民之中,不能再自命不凡了。他们虽然还有些闲,可是要"常得无事"却也不易。他们渐渐丢了那空架子,脚踏实地向前走去。早些时还不免带着感伤的气氛,自爱自怜,一把眼泪一把鼻涕的;这也算是酸气,虽然念诵的不是古书而是洋书。可是这几年时代逼得更紧了,大家只得抹干了鼻涕眼泪走上前去。这才真是"洗尽书生气味酸"了。

朱自清

说　话

（原载于1929年6月10日《小说月报》）

谁能不说话，除了哑子？有人这个时候说，那个时候不说。有人这个地方说，那个地方不说。有人跟这些人说，不跟那些人说。有人多说，有人少说。有人爱说，有人不爱说。哑子虽然不说，却也有那咿咿呀呀的声音，指指点点的手势。

说话并不是一件容易事。天天说话，不见得就会说话；许多人说了一辈子话，没有说好过几句话。所谓"辩士的舌锋""三寸不烂之舌"等赞词，正是物以稀为贵的证据；文人们讲究"吐属"，也是同样的道理。我们并不想做辩士，说客，文人，但是人生不外言动，除了动就只有言，所谓人情世故，一半儿是在说话里。古文《尚书》里说，"唯口，出好兴戎"，一句话的影响有时是你料不到的，历史和小说上有的是例子。

说话即使不比作文难，也决不比作文容易。有些人会说话不会作文，但也有些人会作文不会说话。说话像行云流水，不能够一个字一个字推敲，因而不免有疏漏散漫的地方，不如作文的谨严。但那些行云流水般的自然，却决非一般文章所及——文章有能到这样境界的，简直当以说话论，不再是文章了。但是这是怎样一个不易到的境界！我们的文章，哲学里虽有"用笔如舌"一个标准，古今有几个人真能"用笔如舌"呢？不过文章不甚自然，还可成为功力一派，说话是不行的；说话若也有功力派，你想，那怕真够瞧的！

说话到底有多少种，我说不上。约略分别：向大家演说，讲解，乃至说书等是一种，会议是一种，公私谈判是一种，法庭受审是一种，向新闻记者谈话是一种——这些可称为正式的。朋友们的闲谈也是一种，可称为非正式的。正式的并不一定全要拉长了面孔，但是拉长了的时候多。这种话都是成片段的，有时竟是先期预备好的。只有闲谈，可以上下古今，来一个杂拌儿；说是杂拌儿，自然零零碎碎，成片段的是例外。闲谈说不上预备，满是将话搭话，随机应变。说预备好了再去"闲"谈，那岂不是个大笑话？这种种说话，大约都有一些公式，就是闲谈也有——"天气"常是闲谈的发端，就是一例。但是公式是死的，不够用的，神而明之还在乎人。会说的教你眉飞色舞，不会说的教你昏头搭脑，即使是同一个意思，甚至同一句话。

中国人很早就讲究说话。《左传》《国策》《世说》是我们的三部说话的经典。一是外交辞令，一是纵横家言，一是清谈。你看他们的话多么婉转如意，句句字字打进人心坎里。还有一部《红楼梦》，里面的对话也极轻松，漂亮。此外汉代贾君房号为"语妙天下"，可惜留给我们的只有这一句赞词；明代柳敬亭的说书极有大名，可惜我们也无从领略。近年来的新文学，将白话文欧化，从外国文中借用了许多活泼的，精细的表现，同时暗示我们将旧来有些表现重新咬嚼一番。这却给我们的语言一种新风味，新力量。加以这些年说话的艰难，使一般报纸都变乖巧了，他们知道用侧面的，反面的，夹缝里的表现了。这对于读者是一种不容避免的好训练；他们渐渐敏感起来了，只有敏感的人，才能体会那微妙的咬嚼的味儿。这时期说话的艺术确有了相当的进步。论说话艺术的文字，从前著名的似乎只有韩非的《说难》，那是一篇剖析入微的文字。现在我们却已有了不少的精警之作，鲁迅先生的《立论》就是的。这可以证明我所说的相当的进步了。

中国人对于说话的态度，最高的是忘言，但如禅宗"教"人"将嘴挂在墙上"，也还是免不了说话。其次是慎言，寡言，讷于言。这三样又有分别：慎言是小心说话，小心说话自然就少说话，少说话少出错儿。寡言是说话少，是一种深沉或贞静的性格或品德。讷于言是说不出话，是一种浑厚诚实的性格或品德。这两种多半是生成的。第三是修辞或辞令。至诚的君子，人格的力量照彻一切的阴暗，用不着多说话，说话也无须乎修饰。只知讲究修饰，嘴边天花乱坠，腹中矛戟森然，那是所谓小人；他太会修饰了，倒教人不信了。他的戏法总有让人揭穿的一日。我们是介在两者之间的平凡的人，没有那伟大的魄力，可也不至于忘掉自己。只是不能无视世故人情，我们看时候，看地方，看人，在礼貌与趣味两个条件之下，修饰我们的说话。这儿没有力，只有机智；真正的力不是修饰所可得的。我们所能希望的只是：说得少，说得好。

论说话的多少

（原载于1934年8月8日天津《大公报·文艺副刊》第91期）

圣经贤传都教我们少说话，怕的是惹祸，你记得金人铭开头就是"古之慎言人也。戒之哉！戒之哉！无多言！多言多败。"岂不森森然有点可怕的样子。再说，多言即使不惹祸，也不过颠倒是非，决非好事。所以孔子称"仁者其言也切"，又说"恶夫佞者"。苏秦张仪之流以及后世小说里所谓"掉三寸不烂之舌"的辩士，在正统派看来，也许比佞者更下一等。所以"沉默寡言""寡言笑"，简直就成了我们的美德。

圣贤的话自然有道理，但也不可一概而论。假如你身居高位，一个字一句话都可影响大局，那自然以少说话，多点头为是。可是反过来，你如去见身居高位的人，那可就没有准儿。前几年南京有一位著名会说话的和一位著名不说话的都做了不小的官。许多人踌躇起来，还是说话好呢？还是不说话好呢？这是要看情形的：有些人喜欢说话的人，有些人不。有些事必得会说话的人去干，譬如宣传员；有些事必得少说话的人去干，譬如机要秘书。

至于我们这些平人，在访问，见客，聚会的时候，若只是死心眼儿，一个劲儿少说话，虽合于圣贤之道，却未见得就顺非圣贤人的眼。要是熟人，处得久了，彼此心照，倒也可以原谅的；要是生人或半生半熟的人，那就有种种看法。他也许觉得你神秘，仿佛天上眨眼的星星；也许觉得你老实，所谓"仁者其言也切"；也许觉得你懒，不愿意卖力气；也许觉得你利害，专等着别人的话（我们家乡称这种人为"等口"）;也许觉得你冷淡,不容易亲近；

也许觉得你骄傲，看不起他，甚至讨厌他。这自然也看你和他的关系，以及你的相貌神气而定，不全在少说话；不过少说话是个大原因。这么着，他对你当然敬而远之，或不敬而远之。若是你真如他所想，那倒是"求仁得仁"；若是不然，就未免有点冤哉枉也。民国十六年的时候，北平有人到汉口去回来，一个同事问他汉口怎么样。他说，"很好哇，没有什么。"话是完了，那位同事只好点点头走开。他蛮想知道一点汉口的实在情形，但是什么也没有得着；失望之余，很觉得人家是瞧不起他哪。但是女人少说话，却当别论；因为一般女人总比男人害臊，一害臊自然说不出什么了。再说，传统的压迫也太利害；你想男人好说话，还不算好男人，女人好说话还了得！（王熙凤算是会说话的，可是在《红楼梦》里，她并不算是个好女人）可是——现在若有会说话的女人，特别是压倒男人的会说话的女人，恭维的人就一定多；因为西方动的文明已经取东方静的文明而代之，"沉默寡言"虽有时还用得着，但是究竟不如"议论风生"的难能可贵了。

说起"议论风生"，在传统里原来也是褒辞。不过只是美才，而不是美德；若是以德论，这个怕也不足重轻罢。现在人也还是看作美才，只不过看得重些罢了。

"议论风生"并不只是口才好；得有材料，有见识，有机智才成——口才不过机智，那是不够的。这个并不容易办到；我们平人所能做的只是在普通情形之下，多说几句话，不要太冷落场面就是。——许多人喝下酒时生气时爱说话，但那是往往多谬误的。说话也有两路，一是游击式，一是包围式。有一回去看新从欧洲归国的两位先生，他们都说了许多话。甲先生从客人的话里选择题目，每个题目说不上几句话就牵引到别的上去。当时觉得也还有趣，过后却什么也想不出。乙先生也从客人的话里选题目，可是他却粘在一个题目上，只叙说在欧洲的情形。他并不用什么机智，可是说得很切实，让客人觉着有所得而去。他的殷勤，客人在口头在心上，都表示着谢意。

普通说话大概都用游击式；包围式组织最难，多人不能够，也不愿意去尝试。再说游击式可发可收，爱听就多说些，不爱听就少说些；我们这些人许犯贫嘴到底还不至于的。要说像"哑妻"那样，不过是法朗士的牢骚，事实上大致不会有。倒是有像老太太的，一句话重三倒四地说，也不管人家耳朵里长茧不长。这一层最难，你得记住那些话在那些人面前说过，才不至于说重了。有时候最难为情的是，你刚开头儿，人家就客客气气地问，"啊，后来是不是怎样怎样的？"包围式可麻烦得多。最麻烦的是人多的时候，说得半半拉拉的，大家或者交头接耳说他们自己的私话，或者打盹儿，或者东看看西看看，轻轻敲着指头想别的，或者勉强打起精神对付着你。这时候你一个人霸占着全场，说下去太无聊，不说呢，又收不住，真是骑虎之势。大概这种说话，人越多，时候越不宜长；各人的趣味不同，决不能老听你的——换题目另说倒成。说得也不宜太慢，太慢了怎么也显得长。曾经听过两位著名会说话的人说故事，大约因为唤起注意的缘故罢，加了好些个助词，慢慢地叙过去，足有十多分钟，算是完了；大家虽不至疲倦，却已暗中着急。声音也不宜太平，太平了就单调；但又丝毫不能做作。这种说话只宜叙说或申说，不能掺一些教导气或劝导气。长于演说的人往往免不了这两种气味。有个朋友说某先生口才太好，教人有戒心，就是这个意思。所以包围式说话要靠天才，我们平人只能学学游击式，至多规模较大而已。——我们在普通情形之下，只不要像林之孝家两口子"一锥子扎不出话来"，也就行了。

朱自清

论无话可说

（选自《你我》商务印书馆1936年版）

十年前我写过诗；后来不写诗了，写散文；入中年以后，散文也不大写得出了——现在是，比散文还要"散"得无话可说！许多人苦于有话说不出，另有许多人苦于有话无处说；他们的苦还在话中，我这无话可说的苦却在话外。我觉得自己是一张枯叶，一张烂纸，在这个大时代里。

在别处说过，我的"忆的路"是"平如砥""直如矢"的；我永远不曾有过惊心动魄的生活，即使在别人想来最风华的少年时代。我的颜色永远是灰的。我的职业是三个教书；我的朋友永远是那么几个，我的女人永远是那么一个。有些人生活太丰富了，太复杂了，会忘记自己，看不清楚自己，我是什么时候都"了了玲玲地"知道，记住，自己是怎样简单的一个人。

但是为什么还会写出诗文呢？——虽然都是些废话。这是时代为之！十年前正是五四运动的时期，大伙儿蓬蓬勃勃的朝气，紧逼着我这个年轻的学生；于是乎跟着人家的脚印，也说说什么自然，什么人生。但这只是些范畴而已。我是个懒人，平心而论，又不曾遭过怎样了不得的逆境；既不深思力索，又未亲自体验，范畴终于只是范畴，此处也只是廉价的，新瓶里装旧酒的感伤。当时芝麻黄豆大的事，都不惜郑重地写出来，现在看看，苦笑而已。

先驱者告诉我们说自己的话。不幸这些自己往往是简单的，说来说去是那一套；终于说的听的都腻了。——我便是其中的一个。这些人自己其实并没有什么话，只是说些中外贤哲说过的和并世少年将说的话。真正有自己的话要说的是不多的几个人；因为真正一面生活一面吟味那生活的只有不多的几个人。一般人只是生活，按着不同的程度照例生活。

这点简单的意思也还是到中年才觉出的；少年时多少有些热气，想不到这里。中年人无论怎样不好，但看事看得清楚，看得开，却是可取的。这时候眼前没有雾，顶上没有云彩，有的只是自己的路。他负着经验的担子，一步步踏上这条无尽的然而实在的路。他回看少年人那些情感的玩意，觉得一种轻松的意味。他乐意分析他背上的经验，不止是少年时的那些；他不愿远远地捉摸，而愿剥开来细细地看。也知道剥开后便没了那跳跃着的力量，但他不在乎这个，他明白在冷静中有他所需要的。这时候他若偶然说话，决不会是感伤的或印象的，他要告诉你怎样走着他的路，不然就是，所剥开的是些什么玩意。但中年人是很胆小的；他听别人的话渐渐多了，说了的他不说，说得好的他不说。所以终于往往无话可说——特别是一个寻常的人像我。但沉默又是寻常的人所难堪的，我说苦在话外，以此。

中年人若还打着少年人的调子，——姑不论调子的好坏——原也未尝不可，只感觉"像煞有介事"。他要用很大的力量去写出那冒着热气或流着眼泪的话；一个神经敏锐的人对于这个是不容易忍耐的，无论在自己在别人。这好比上了年纪的太太小姐们还涂脂抹粉地到大庭广众里去卖弄一般，是殊可不必的了。

其实这些都可以说是废话，只要想一想咱们这年头。这年头要的是"代言人"，而且将一切说话的都看作"代言人"；压根儿就无所谓自己的话。这样一来，如我辈者，倒可以将从前狂妄之罪减轻，而现在是更无话可说了。

但近来在戴译《唯物史观的义学论》里看到，法国俗语"无话可说"竟与"一切皆好"同意。呜呼，这是多么损的一句话，对于我，对于我的时代！

朱自清

沉　默

（原载于1932年11月7日《清华周刊》第38卷第6期）

　　沉默是一种处世哲学，用得好时，又是一种艺术。

　　谁都知道口是用来吃饭的，有人却说是用来接吻的。我说满没有错儿；但是若统计起来，口的最多的(也许不是最大的)用处，还应该是说话，我相信。按照时下流行的议论，说话大约也算是一种"宣传"，自我的宣传。所以说话彻头彻尾是为自己的事。若有人一口咬定是为别人，凭了种种神圣的名字；我却也愿意让步，请许我这样说：说话有时的确只是间接地为自己，而直接的算是为别人！

　　自己以外有别人，所以要说话；别人也有别人的自己，所以又要少说话或不说话。于是乎我们要懂得沉默。你若念过鲁迅先生的《祝福》，一定会立刻明白我的意思。

　　一般人见生人时，大抵会沉默的，但也有不少例外。常在火车轮船里，看见有些人迫不及待似的到处向人问讯、攀谈，无论那是搭客或茶房，我只有羡慕这些人的健康；因为在中国这样旅行中，竟会不感觉一点儿疲倦！见生人的沉默，大约由于原始的恐惧，但是似乎也还有别的。假如这个生人的名字，你全然不熟悉，你所能做的工作，自然只是有意或无意地防御——像防御一个敌人。沉默便是最安全的防御战略。你不一定要他知道你，更不想让他发现你的可笑的地方——一个人总有些可笑的地方不是？——你只让他尽量说他所要说的，若他是个爱说的人。末了你恭恭敬敬和他分别。假如这个生人,你愿意和他做朋友,你也还是得沉默。但是得留心听他的话,选出几处,加以简短的,相当的赞词;至少也得表示相当的同意。这就是知己的开场,或说起码的知己也可。假如这个人是你所敬仰的或未必敬仰的"大人物",你记住,更不可不沉默!大人物的言语,乃至脸色眼光,都有异样的地方;你最好远远地坐着,让那些勇敢的同伴上前线去。——自然,我说的只是你偶然地遇着或随众访问大人物的时候。若你愿意专诚拜谒,你得另想办法;在我,那却是一件可怕的事。——你看看大人物与非大人物或大人物与大人物间谈话的情形,准可以满足,而不用从牙缝里迸出一个字。说话是一件费神的事,能少说或不说以及应少说或不说的时候,沉默实在是长寿之一道。至于自我宣传,诚哉重要——谁能不承认这是重要呢?——但对于生人,这是白费的;他不会领略你宣传的旨趣,只暗笑你的宣传热;他会忘记得干干净净,在和你一鞠躬或一握手以后。

朋友和生人不同,就在他们能听也肯听你的说话——宣传。这不用说是交换的,但是就是交换的也好。他们在不同的程度下了解你,谅解你;他们对于你有了相当的趣味和礼貌。你的话满足他们的好奇心,他们就趣味地听着;你的话严重或悲哀,他们因为礼貌的缘故,也能暂时跟着你严重或悲哀。在后一种情形里,满足的是你;他们所真感到的怕倒是矜持的气氛。他们知道"应该"怎样做;这其实是一种牺牲,"应该"也"值得"感谢的。但是即使在知己的朋友面前,你的话也还不应该说得太多;同样的故事,情感,警句,隽语,也不宜重复地说。《祝福》就是一个好榜样。你应该相当地节制自己,不可妄想你的话占领朋友们整个的心——你自己的心,也不会让别人完全占领呀。你更应该知道怎样藏匿你自己。只有不可知,不可得的,才有人去追求;你若将所有的尽给了别人,你对于别人,对于世界,将没有丝毫意义,正和医学生实习解剖时用过的尸体一样。那时是不可思议的孤独,你将不能支持自己,而倾仆到无底的黑暗里去。一个情人常喜欢说:"我愿意将所有的都献给你!"谁真知道他或她所有的是些什么呢?第一个说这句话的人，只是表示自己的慷慨，至多也只是表示一种理想；以后跟着说的，更只是"口头禅"而已。所以朋友间，甚至恋人间，沉默还是不可少的。你的话应该像黑夜的星星，不应该像除夕的爆竹——谁稀罕那彻宵的爆竹呢？而沉默有时更有诗意。譬如在下午，在黄昏，在深夜，在大而静的屋子里，短时的沉默，也许远胜于连续不断的倦怠了的谈话。有人称这种境界为"无言之美"，你瞧，多漂亮的名字！——至于所谓"拈花微笑"，那更了不起了！

可是沉默也有不行的时候。人多时你容易沉默下去，一主一客时，就不准行。你的过分沉默，也许把你的生客惹恼了，赶跑了！倘使你愿意赶他，当然很好；倘使你不愿意呢，你就得不时地让他喝茶，抽烟，看画片，读报，听话匣子，偶然也和他谈谈天气，时局——只是复述报纸的记载，加上几个不能解决的疑问——总以引他说话为度。于是你点点头，哼哼鼻子，时而叹叹气，听着。他说完了，你再给起个头，照样地听着。但是我的朋友遇见过一个生客，他是一位准大人物，因某种礼貌关系去看我的朋友。他坐下时，将两手笼起，搁在桌上。说了几句话，就止住了，两眼炯炯地直看着我的朋友。我的朋友窘极，好容易陆陆续续地找出一句半句话来敷衍。这自然也是沉默的一种用法，是上司对属僚保持威严用的。用在一般交际里，未免太露骨了；而在上述的情形中，不为主人留一些余地，更属无礼。大人物以及准大人物之可怕，正在此等处。至于应付的方法，其实倒也有，那还是沉默；只消照样笼了手，和他对看起来，他大约也就无可奈何了罢？

论吃饭

（原载于1947年7月6日上海《大公报·星期文艺》第9期）

　　我们有自古流传的两句话：一是"衣食足则知荣辱"，见于《管子·牧民》篇，一是"民以食为天"，是汉朝郦食其说的。这些都是从实际政治上认出了民食的基本性，也就是说从人民方面看，吃饭第一。另一方面，告子说，"食色，性也"，是从人生哲学上肯定了食是生活的两大基本要求之一。《礼记·礼运》篇也说到"饮食男女，人之大欲存焉"，这更明白。照后面这两句话，吃饭和性欲是同等重要的，可是照这两句话里的次序，"食"或"饮食"都在前头，所以还是吃饭第一。

　　这吃饭第一的道理，一般社会似乎也都默认。虽然历史上没有明白的记载，但是近代的情形，据我们的耳闻目见，似乎足以教我们相信从古如此。例如苏北的饥民群到江南就食，差不多年年有。最近天津《大公报》登载的费孝通先生的《不是崩溃是瘫痪》一文中就提到这个。这些难民虽然让人们讨厌，可是得给他们饭吃。给他们饭吃固然也有一二成出于慈善心，就是恻隐心，但是八九成是怕他们，怕他们铤而走险，"小人穷斯滥矣"，什么事做不出来！给他们吃饭，江南人算是认了。

　　可是法律管不着他们吗？官儿管不着他们吗？干吗要怕要认呢？可是法律不外乎人情，没饭吃要吃饭是人情，人情不是法律和官儿压得下的。没饭吃会饿死，严刑峻罚大不了也只是个死，这是一群人，群就是力量：谁怕谁！在怕的倒是那些有饭吃的人们，他们没奈何只得认点儿。所谓人情，就是自然的需求，就是基本的欲望，其实也就是基本的权利。但是饥民群还不自觉有这种权利，一般社会也还不会认清他们有这种权利；饥民群只是冲动地要吃饭，而一般社会给他们饭吃，也只是默认了他们的道理，这道理就是吃饭第一。

三十年夏天笔者在成都住家，知道了所谓"吃大户"的情形。那正是青黄不接的时候，天又干，米粮大涨价，并且不容易买到手。于是乎一群一群的贫民一面抢米仓，一面"吃大户"。他们开进大户人家，让他们煮出饭来吃了就走。这叫作"吃大户"。"吃大户"是和平的手段，照惯例是不能拒绝的，虽然被吃的人家不乐意。当然真正有势力的尤其有枪杆的大户，穷人们也识相，是不敢去吃的。敢去吃的那些大户，被吃了也只好认了。那回一直这样吃了两三天，地面上一面赶办平粜，一面严令禁止，才打住了。据说这"吃大户"是古风；那么上文说的饥民就食，该更是古风罢。

但是儒家对于吃饭却另有标准。孔子认为政治的信用比民食更重，孟子倒是以民食为仁政的根本；这因为春秋时代不必争取人民，战国时代就非争取人民不可。然而他们论到士人，却都将吃饭看作一个不足重轻的项目。孔子说，"君子固穷"，说吃粗饭，喝冷水，"乐在其中"，又称赞颜回吃喝不够，"不改其乐"。道学家称这种乐处为"孔颜乐处"，他们教人"寻孔颜乐处"，学习这种为理想而忍饥挨饿的精神。这理想就是孟子说的"穷则独善其身，达则兼济天下"，也就是所谓"节"和"道"。孟子一方面不赞成告子说的"食色，性也"，一方面在论"大丈夫"的时候列入了"贫贱不能移"一个条件。战国时代的"大丈夫"，相当于春秋时的"君子"，都是治人的劳心的人。这些人虽然也有饿饭的时候，但是一朝得了时，吃饭是不成问题的，不像小民往往一辈子为了吃饭而挣扎着。因此士人就不难将道和节放在第一，而认为吃饭好像是一个不足重轻的项目了。

伯夷、叔齐据说反对周武王伐纣，认为以臣伐君，因此不食周粟，饿死在首阳山。这也是只顾理想的节而不顾吃饭的。配合着儒家的理论，伯夷、叔齐成为士人立身的一种特殊的标准。所谓特殊的标准就是理想的最高的标准；士人虽然不一定人人都要做到这地步，但是能够做到这地步最好。

经过宋朝道学家的提倡，这标准更成了一般的标准，士人连妇女都要做到这地步。这就是所谓"饿死事小，失节事大"。这句话原来是论妇女的，后来却扩而充之普遍应用起来，造成了无数的惨酷的愚蠢的殉节事件。这正是"吃人的礼教"。人不吃饭，礼教吃人，到了这地步总是不合理的。

士人对于吃饭却还有另一种实际的看法。北宋的宋郊、宋祁兄弟俩都做了大官，住宅挨着。宋祁那边常常宴会歌舞，宋郊听不下去，教人和他弟弟说，问他还记得当年在和尚庙里咬菜根否？宋祁却答得妙：请问当年咬菜根是为什么来着！这正是所谓"吃得苦中苦，方为人上人"。做了"人上人"，吃得好，穿得好，玩儿得好；"兼善天下"于是成了个幌子。照这个看法，忍饥挨饿或者吃粗饭、喝冷水，只是为了有朝一日可以大吃大喝，痛快地玩儿。吃饭第一原是人情，大多数士人恐怕正是这么在想。不过宋郊、宋祁的时代，道学刚起头，所以宋祁还敢公然表示他的享乐主义；后来士人的地位增进，责任加重，道学的严格的标准掩护着也约束着在治者地位的士人，他们大多数心里尽管那么在想，嘴里却就不敢说出。嘴里虽然不敢说出，可是实际上往往还是在享乐着。于是他们多吃多喝，就有了少吃少喝的人；这少吃少喝的自然是被治的广大的民众。

民众，尤其农民，大多数是听天由命安分守己的，他们惯于忍饥挨饿，几千年来都如此。除非到了最后关头，他们是不会行动的。他们到别处就食，抢米，吃大户，甚至于造反，都是被逼得无路可走才如此。这里可以注意的是他们不说话；"不得了"就行动，忍得住就沉默。他们要饭吃，却不知道自己应该有饭吃；他们行动，却觉得这种行动是不合法的，所以就索性不说什么话。说话的还是士人。他们由于印刷的发明和教育的发展等等，人数加多了，吃饭的机会可并不加多，于是许多人也感到吃饭难了。这就有了"世上无如吃饭难"的慨叹。虽然难，比起小民来还是容易。因为他们究竟属于治者，"百足之虫，死而不僵"，有的是做官的本家和亲戚朋友，总得给口饭吃；

朱自清

这饭并且总比小民吃的好。孟子说做官可以让"所识穷乏者得我",自古以来做了官就有引用穷本家穷亲戚穷朋友的义务。到了民国,黎元洪总统更提出了"有饭大家吃"的话。这真是"菩萨"心肠,可是当时只当作笑话。原来这句话说在一位总统嘴里,就是贤愚不分,赏罚不明,就是糊涂。然而到了那时候,这句话却已经藏在差不多每一个士人的心里。难得的倒是这糊涂!

第一次世界大战加上五四运动,带来了一连串的变化,中华民国在一颠一拐地走着之字路,走向现代化了。我们有了知识阶级,也有了劳动阶级,有了索薪,也有了罢工,这些都在要求"有饭大家吃"。知识阶级改变了士人的面目,劳动阶级改变了小民的面目,他们开始了集体的行动;他们不能再安贫乐道了,也不能再安分守己了,他们认出了吃饭是天赋人权,公开地要饭吃,不是大吃大喝,是够吃够喝,甚至于只要有吃有喝。然而这还只是刚起头。到了这次世界大战当中,罗斯福总统提出了四大自由,第四项是"免于匮乏的自由"。"匮乏"自然以没饭吃为首,人们至少该有免于没饭吃的自由。这就加强了人民的吃饭权,也肯定了人民的吃饭的要求;这也是"有饭大家吃",但是着眼在平民,在全民,意义大不同了。

抗战胜利后的中国,想不到吃饭更难,没饭吃的也更多了。到了今天一般人民真是不得了,再也忍不住了,吃不饱甚至没饭吃,什么礼义什么文化都说不上。这日子就是不知道吃饭权也会起来行动了,知道了吃饭权的,更怎么能够不起来行动,要求这种"免于匮乏的自由"呢?于是学生写出"饥饿事大,读书事小"的标语,工人喊出"我们要吃饭"的口号。这是我们历史上第一回一般人民公开地承认了吃饭第一。这其实比闷在心里糊涂的骚动好得多;这是集体的要求,集体是有组织的,有组织就不容易大乱了。可是有组织也不容易散;人情加上人权,这集体的行动是压不下也打不散的,直到大家有饭吃的那一天。

很 好

（原载于 1939 年 10 月 25 日《中央日报·平明副刊》第 109 期）

"很好"这两个字真是挂在我们嘴边儿上的。我们说，"你这个主意很好。""你这篇文章很好。""张三这个人很好。""这东西很好。"人家问，"这件事如此这般地办，你看怎么样？"我们也常常答道，"很好。"有时顺口再加一个，说"很好很好"。或者不说"很好"，却说"真好"，语气还是一样，这么说，我们不都变成了"好好先生"了么？我们知道"好好先生"不是无辨别的蠢才，便是有城府的乡愿。乡愿和蠢才尽管多，但是谁也不能相信常说"很好""真好"的都是蠢才或乡愿。平常人口头禅的"很好"或"真好"，不但不一定"很"好或"真"好，而且不一定"好"；这两个语其实只表示所谓"相当的敬意，起码的同情"罢了。

在平常谈话里，敬意和同情似乎比真理重要得多。一个人处处讲真理，事事讲真理，不但知识和能力不许可，而且得成天儿和别人闹别扭；这不是活得不耐烦，简直是没法活下去。自然一个人总该有认真的时候，但在不必认真的时候，大可不必认真；让人家从你嘴边儿上得着一点点敬意和同情，保持彼此间或浓或淡的睦谊，似乎也是在世为人的道理。说"很好"或"真好"，所着重的其实不是客观的好评而是主观的好感。用你给听话的一点点好感，换取听话的对你的一点点好感，就是这么回事而已。

你若是专家或者要人，一言九鼎，那自当别论；你不是专家或者要人，说好说坏，一般儿无足重轻，说坏只多数人家背地里议论你嘴坏或脾气坏而

朱自清

已,那又何苦来?就算你是专家或者要人,你也只能认真地批评在你门槛儿里的,世界上没有万能的专家或者要人,那么,你在说门槛儿外的话的时候,还不是和别人一般的无足重轻?还不是得在敬意和同情上着眼?我们成天听着自己的和别人的轻轻儿的快快儿的"很好"或"真好"的声音,大家肚子里反正明白这两个语的分量。若有人希图别人就将自己的这种话当作确切的评语,或者简直将别人的这种话当作自己的确切的评语,那才真是乡愿或蠢才呢。

我说"轻轻儿的""快快儿的",这就是所谓语气。只要那么轻轻儿的快快儿的,你说"好得很""好极了""太好了",都一样,反正不痛不痒的,不过"很好""真好"说着更轻快一些就是了。可是"很"字,"真"字,"好"字,要有一个说得重些慢些,或者整个儿说得重些慢些,分量就不同了。至少你是在表示你喜欢那个主意,那篇文章,那个人,那东西,那办法,等等,即使你还不敢自信你的话就是确切的评语。有时并不说得重些慢些,可是前后加上些字儿,如"很好,咳!""可真好。""我相信张三这个人很好。""你瞧,这东西真好。"也是喜欢的语气。"好极了"等语,都可以如法炮制。

可是你虽然"很"喜欢或者"真"喜欢这个那个,这个那个还未必就"很"好,"真"好,甚至于压根儿就未必"好"。你虽然加重地说了,所给予听话人的,还只是多一些的敬意和同情,并不能阐发这个那个地客观的价值。你若是个平常人,这样表示也尽够教听话的满意了。你若是个专家,要人,或者准专家,准要人,你要教听话的满意,还得指点出"好"在那里,或者怎样怎样的"好"。这才是听话的所希望于你们的客观的好评,确切的评语呢。

说"不错""不坏"和"很好""真好"一样;说"很不错""很不坏"或者"真不错""真不坏",却就是加字儿的"很好""真好"了。"好"只一个字,"不错""不坏"都是两个字;我们说话,有时长些比短些多带情感,这里正是个例子。"好"加上"很"或"真"才能和"不错""不坏"等量,"不错""不坏"再加上"很"或"真",自然就比"很好""真好"重了。可是说"不好"却干脆的是不好，没有这么多阴影。像旧小说里常见到的"说声'不好'"和旧戏里常听到的"大事不好了"，可为代表。这里的"不"字还保持着它的独立的价值和否定的全量，不像"不错""不坏"的"不"字已经融化在成语里，没有多少劲儿。本来呢，既然有胆量在"好"上来个"不"字，也就无需乎再躲躲闪闪的；至多你在中间夹上一个字儿，说"不很好""不大好"，但是听起来还是差不多的。

话说回来，既然不一定"很"好或"真"好，甚至于压根儿就不一定"好"，为什么不沉默呢？不沉默，却偏要说点儿什么，不是无聊的敷衍吗？但是沉默并不是件容易事，你得有那种忍耐的功夫才成。沉默可以是"无意见"，可以是"无所谓"，也可以是"不好"，听话的却顶容易将你的沉默解作"不好"，至少也会觉着你这个人太冷，连嘴边儿上一点点敬意和同情都吝惜不给人家。在这种情景之下，你要不是生就的或炼就的冷人，你忍得住不说点儿什么才怪！要说，也无非"很好""真好"这一套儿。人生于世，遇着不必认真的时候，乐得多爱点儿，少恨点儿，似乎说不上无聊；敷衍得别有用心才是的，随口说两句无足重轻的好听的话，似乎也还说不上。

我屡次说到听话的。听话的人的情感的反应，说话的当然是关心的。谁也不乐意看尴尬的脸是不是？廉价的敬意和同情却可以遮住人家尴尬的脸，利他的原来也是利己的；一石头打两鸟儿，在平常的情形之下，又何乐而不为呢？世上固然有些事是当面的容易，可也有些事儿是当面的难。就说评论好坏，背后就比当面自由些。这不是说背后就可以放冷箭说人家坏话。一个人自己有身份，旁边有听话的，自爱的人那能干这个！这只是说在人家背后，顾忌可以少些，敬意和同情也许有用不着的时候。虽然这时候听话的中间也许还有那个人的亲戚朋友，但是究竟隔了一层；你说声"不很好"或"不大好"，大约还不至于见着尴尬的脸的。当了面就不成。当本人的面说他这个那个"不好"，固然不成，当许多人的面说他这个那个"不好"，更不成。当许多人的面说他们都"不好"，那简直是以寡敌众；只有当许多人的面泛指其中一些人这点那点"不好",也许还马虎得过去。所以平常的评论,当了面大概总是用"很好""真好"的多。——背后也说"很好""真好",那一定说得重些慢些。

可是既然未必"很"好或者"真"好,甚至于压根儿就未必"好",说一个"好"还不成么?为什么必得加上"很"或"真"呢?本来我们回答"好不好?"或者"你看怎么样?"等问题,也常常只说个"好"就行了。但是只在答话里能够这么办,别的句子里可不成。一个原因是我国语言的惯例。单独的形容词或形容语用作句子的述语,往往是比较级的。如说"这朵花红""这花朵素净""这朵花好看",实在是"这朵花比别的花红""这朵花比别的花素净""这朵花比别的花好看"的意思。说"你这个主意好""你这篇文章好""张三这个人好""这东西好",也是"比别的好"的意思。另一个原因是"好"这个词的惯例。句里单用一个"好"字,有时实在是"不好"。如厉声指点着说"你好!"或者摇头笑着说,"张三好,现在竟不理我了。""他们这帮人好,竟不理这个碴儿了。"因为这些,要表示那一点点敬意和同情的时候,就不得不重话轻说,借用到"很好"或"真好"两个语了。

胡

适

胡适（1891—1962），字适之，中国思想家、文学家、哲学家，代表作品《胡适论学近著》《中国哲学史大纲》《尝试集》《白话文学史》《说儒》。

"少年中国"的精神

（1919年3月在少年中国学会上的演讲）

上回太炎先生话里面说现在青年的四种弱点，都是很可使我们反省的。他的意思是要我们少年人：一、不要把事情看得太容易了；二、不要妄想凭借已成的势力；三、不要虚慕文明；四、不要好高骛远。这四条都是消极的忠告。我现在且从积极一方面提出几个观念，和各位同志商酌商酌。

一、少年中国的逻辑

逻辑即是思想、辩论、办事的方法；一般中国人现在最缺乏的就是一种正当的方法。因为方法缺乏，所以有下列的几种现象：一、灵异鬼怪的迷信，如上海的盛德坛及各地的各种迷信；二、谩骂无理的议论；三、用诗云子曰作根据的议论；四、把西洋古人当作无上真理的议论；还有一种平常人不很注意的怪状，我且称他为"目的热"，就是迷信一些空虚的大话，认为高尚的目的。全不问这种观念的意义究竟如何。今天有人说"我主张统一和平"，大家齐声喝彩，就请他做内阁总理；明天又有人说"我主张和平统一"，大家又齐声叫好，就举他做大总统；此外还有什么"爱国"哪，"护法"哪，"孔教"哪，"卫道"哪……许多空虚的名词；意义不曾确定，也都有许多人随声附和，认为天经地义，这便是我所说的"目的热"；以上所说各种现象都是缺乏方法的表示。我们既然自认为"少年中国"，不可不有一种新方法；这种新方法，应该是科学的方法；科学方法，不是我在这短促时间里所能详细讨论的，我且略说科学方法的要点：

第一，注重事实。科学方法是用事实作起点的，不要问孔子怎么说，柏拉图怎么说，康德怎么说；我们要先从研究事实下手，凡游历、调查、统计等事都属于此项。

第二，注重假设。单研究事实，算不得科学方法；王阳明对着庭前的竹子做了七天的"格物"工夫，格不出什么道理来，反病倒了，这是笨伯的"格物"方法。科学家最重"假设"(hypothesis)。观察事物之后，自然有几个假定的意思。我们应该把每一个假设所含的意义彻底想出，看那意义是否可以解释所观察的事实、是否可以解决所遇的疑难。所以要博学；正是因为博学方才可以有许多假设，学问只是供给我们种种假设的来源。

第三，注重证实。许多假设之中，我们挑出一个，认为最合用的假设；但是这个假设是否真正合用，必须实地证明。有时候，证实是很容易的；有时候，必须用"试验"方才可以证实。证实了的假设，方可说是"真"的，方才可用。一切古人今人的主张、东哲西哲的学说，若不曾经过这一层证实的工夫，只可作为待证的假设，不配认作真理。

少年的中国，中国的少年，不可不时时刻刻保存这种科学的方法，实验的态度。

二、少年中国的人生观

现在中国有几种人生观都是"少年中国"的仇敌：第一种是醉生梦死的无意识生活，固然不消说了；第二种是退缩的人生观，如静坐会的人，如坐禅学佛的人，都只是消极的缩头主义；这些人没有生活的胆子，不敢冒险，只求平安，所以变成一班退缩懦夫；第三种是野心的投机主义，这种人虽不退缩，但为完全自己的私利起见，所以他们不惜利用他人，做他们自己的器具，不惜牺牲别人的人格和自己的人格，来满足自己的野心；到了紧要关头，不惜作伪，不惜作恶，不顾社会的公共幸福，以求达他们自己的目的。这三种人生观都是我们该反对的。少年中国的人生观，依我个人看来，该有下列的几种要素：

第一，须有批评的精神。一切习惯、风俗、制度的改良，都起于一点批评的眼光。个人的行为和社会的习俗，都最容易陷入机械的习惯，到了"机械的习惯"的时代，样样事都不知不觉地做去，全不理会何以要这样做，只晓得人家都这样做故我也这样做。这样的个人便成了无意识的两脚机器，这样的社会便成了无生气的守旧社会，我们如果发愿要造成少年的中国，第一步便须有一种批评的精神；批评的精神不是别的，就是随时随地都要问我为什么要这样做，为什么不那样做。

第二，须有冒险进取的精神。我们要认定这个世界是很多危险的，是不太平的，是需要冒险的。世界的缺点很多，是要我们来补救的；世界的痛苦很多，是要我们来减少的；世界的危险很多，是要我们来冒险进取的，俗话说得好："成人不自在，自在不成人。"我们要做一个人，岂可贪图自在；我们要想造一个"少年的中国"，岂可不冒险；这个世界是给我们活动的大舞台，我们既上了台，便应该老着面皮，拼着头皮，大着胆子，干将起来；那些缩进后台去静坐的人都是懦夫，那些袖着双手只会看戏的人，也都是懦夫。这个世界岂是给我们静坐旁观的吗？那些厌恶这个世界、梦想超生别的世界的人，更是懦夫，不用说了。

第三，须要有社会协进的观念。上条所说的冒险进取，并不是野心的、自私自利的。我们既认定这个世界是给我们活动的，又须认定人类的生活全是社会的生活，社会是有机的组织，全体影响个人，个人影响全体。社会的活动全是互助的，你靠他帮忙，他靠你帮忙，我又靠你同他帮忙，你同他又靠我帮忙；你少说了一句话，我或者不是我现在的样子，我多尽了一分力，你或者也不是你现在这个样子，我和你多尽了一分力，或少做了一点事，社会的全体也许不是现在这个样子，这便是社会协进的观念。有这个观念，我们自然把人人都看作通力合作的伴侣，自然会尊重人人的人格了；有这个观念，我们自然觉得我们的一举一动都和社会有关，自然不肯为社会造恶因，自然要努力为社会种善果，自然不致变成自私自利的野心投机家了。

少年的中国，中国的少年，不可不时刻刻保存这种批评的、冒险进取的、社会的人生观。

三、少年中国的精神

少年中国的精神并不是别的，就是上文所说的逻辑和人生观。我且说一件故事做我这番谈话的结论：诸君读过英国史的，一定知道英国前世纪有一种宗教革新的运动，历史上称为"牛津运动[①]"（Oxford Movement），这种运动的几个领袖如凯布勒（Keble）、纽曼（Newman）、福鲁德（Froude）诸人，痛恨英国国教的腐败，想大大地改革一番。这个运动未起事之先，这几位领袖做了一些宗教性的诗歌写在一个册子上，纽曼摘了一句荷马的诗题在册子上，那句诗是："You shall see the difference now that we are back again！"翻译出来即是"如今我们回来了，你们看便不同了！"

少年的中国，中国的少年，我们也该时时刻刻记着这句话：

如今我们回来了，你们看便不同了！

这便是少年中国的精神。

[①] 牛津运动是19世纪中期由一些拥有英国牛津大学教职的神职人员发起的国教会的天主教复兴运动。主张恢复教会昔日的荣光和早期传统，保留罗马天主教的礼仪等。

领袖人才的来源

（原载于1932年8月7日《独立评论》第12号）

北京大学教授孟森先生前天寄了一篇文字来，题目是论"士大夫"（见《独立》第十二期）。他下的定义是：

"士大夫"者，以自然人为国负责，行事有权，败事有罪，无神圣之保障，为诛殛所可加者也。

虽然孟先生说的"士大夫"，从狭义上说，好像是限于政治上负大责任的领袖，然而他又包括孟子说的"天民"一级不得位而有绝大影响的人物，所以我们可以说，若用现在的名词，孟先生文中所谓"士大夫"应该可以叫做"领袖人物"，省称为"领袖"。孟先生的文章是他和我的一席谈话引出来的，我读了忍不住想引申他的意思，讨论这个领袖人才的问题。

孟先生此文的言外之意是叹息近世居领袖地位的人缺乏真领袖的人格风度，既抛弃了古代"士大夫"的风范，又不知道外国的"士大夫"的流风遗韵，所以成了一种不足表率人群的领袖。他发愿要搜集中国古来的士大夫人格可以做后人模范的，做一部《士大夫集传》；他又希望有人搜集外国士大夫的精华，做一部《外国模范人物集传》。这都是很应该做的工作，也许是很有效用的教育材料。我们知道《新约》里的几种耶稣传记影响了无数人的人格；我们知道普鲁塔克（Plutarch）的英雄传影响了后世许多的人物。欧洲的传记文学发达得最完备，历史上重要人物都有很详细的传记，往往有一篇传记长至几十万言的，也往往有一个人的传记多至几十种的。这种传记的翻译，倘使有审慎的选择和忠实明畅的译笔，应该可以使我们多知道一点西洋的领袖人物的嘉言懿行，间接地可以使我们对西方民族的生活方式有一点具体的了解。

中国的传记文学太不发达了，所以中国的历史人物往往只靠一些干燥枯窘的碑版文字或史家列传流传下来；很少的传记材料是可信的，可读的已很少了；至于可歌可泣的传记，可说是绝对没有。我们对于古代大人物的认识，往往只全靠一些很零碎的轶事琐闻。然而我至今还记得我做小孩子时代读的朱子《小学》里面记载的几个可爱的人物，如汲黯、陶渊明之流。朱子记陶渊明，只记他做县令时送一个长工给他儿子,附去一封家信,说："此亦人子也，可善遇之。"这寥寥九个字的家书，印在脑子里，也颇有很深刻的效力，使我三十年来不敢轻用一句暴戾的辞气对待那帮我做事的人。这一个小小例子可以使我承认模范人物的传记，无论如何不详细，只须剪裁得得当，描写得生动，也未尝不可以做少年人的良好教育材料，也未尝不可介绍一点做人的风范。

但是传记文学的贫乏与忽略，都不够解释为什么近世中国的领袖人物这样稀少而又不高明。领袖的人才决不是光靠几本《士大夫集传》就能铸造成功的。"士大夫"的稀少，只是因为"士大夫"在古代社会里自成一个阶级，而这个阶级久已不存在了。在南北朝的晚期，颜之推说：

吾观《礼经》，圣人之教，箕帚匕箸，咳唾唯诺，执烛沃盥，皆有节文，亦为至矣。但（《礼经》）既残缺非复全书，其有所不载，及世事变改者，学达君子，自为节度，相承行之。故世号"士大夫风操"。而家门颇有不同，所见互称长短。然其阡陌亦自可知。（《颜氏家训·风操第六》）

在那个时代，虽然经过了魏、晋旷达风气的解放，虽然经过了多少战祸的摧毁，"士大夫"的阶级还没有完全毁灭，一些名门望族都竭力维持他们的门阀。帝王的威权，外族的压迫，终不能完全消灭这门阀自卫的阶级观念。门阀的争存不全靠声势的煊赫、子孙的贵盛。他们所倚靠的是那"士大夫风操"，即是那个士大夫阶级所用来律己律人的生活典型。即如颜氏一家，遭遇亡国之祸，流徙异地，然而颜之推所最关心的还是"整齐门内，提撕子孙"，所以他著作家训，留作他家子孙的典则。隋唐以后，门阀的自尊还能维持这"士大夫风操"至几百年之久。我们看唐朝柳氏和宋朝吕氏、司马氏的家训，还可以想见当日士大夫的风范的保存是全靠那种整齐严肃的士大夫阶级的教育的。

然而这士大夫阶级终于被科举制度和别种政治和经济的势力打破了。元、明以后，三家村的小儿只消读几部刻板书，念几百篇科举时文，就可以有登科作官的机会；一朝得了科第，像《红鸾禧》戏文里的丐头女婿，自然有送钱投靠的人来拥戴他去走马上任。他从小学的是科举时文，从来没有梦见过什么古来门阀里的"士大夫风操"的教育与训练，我们如何能期望他居士大夫之位要维持士大夫的人品呢？

以上我说的话，并不是追悼那个士大夫阶级的崩坏，更不是希冀那种门阀训练的复活。我要指出的是一种历史事实。凡成为领袖人物的，固然必须有过人的天资做底子，可是他们的知识见地，故人的风度，总得靠他们的教育训练。一个时代有一个时代的"士大夫"，一个国家有一个国家的范型式的领袖人物。他们的高下优劣，总都逃不出他们所受的教育训练的势力。某种范型的训育自然产生某种范型的领袖。

这种领袖人物的训育的来源，在古代差不多全靠特殊阶级（如中国古代的士大夫门阀，如日本的贵族门阀，如欧洲的贵族阶级及教会）的特殊训练。在近代的欧洲则差不多全靠那些训练领袖人才的大学。欧洲之有今日的灿烂文化，差不多全是中古时代留下的几十个大学的功劳。近代文明有四个基本源头：一是文艺复兴，二是16、17世纪的新科学，三是宗教革新，四是工业革命。这四个大运动的领袖人物，没有一个不是大学的产儿。中古时代的大学诚然是幼稚得可怜，然而意大利有几个大学都有一千年的历史；巴黎，牛津，康桥都有八九百年的历史；欧洲的有名大学，多数是有几百年的历史的；

最新的大学，如莫斯科大学也有一百八十多年了，柏林大学是一百二十岁了。有了这样长期的存在，才有积聚的图书设备，才有集中的人才，才有继长增高的学问，才有那使人依恋崇敬的"学风"。至于今日，西方国家的领袖人物，那一个不是从大学出来的？即使偶有三五个例外，也没有一个不是直接间接受大学教育的深刻影响的。

在我们这个不幸的国家，一千年来，差不多没有一个训练领袖人才的机关。贵族门阀是崩坏了，又没有一个高等教育的书院是有持久性的，也没有一种教育是训练"有为有守"的人才的。五千年的古国，没有一个三十年的大学！八股试帖是不能造领袖人才的，做书院课卷是不能造领袖人才的，当日最高的教育——理学与经学考据——也是不能造领袖人才的。现在这些东西都快成历史陈迹了，然而这些新起的"大学"，东抄西袭的课程，朝三暮四的学制，七零八落的设备，四成五成的经费，朝秦暮楚的校长，东家宿而西家餐的教员，十日一雨五日一风的学潮——也都还没有造就领袖人才的资格。

丁文江先生在《中国政治的出路》(《独立》第十一期)里曾指出"中国的军事教育比任何其他的教育都要落后"，所以多数的军人都"因为缺乏最低的近代知识和训练，不足以担任国家的艰巨"。其实他太恭维"任何其他的教育"了！茫茫的中国，何处是训练大政治家的所在？何处是养成执法不阿的伟大法官的所在？何处是训练财政经济专家学者的所在？何处是训练我们的思想大师或教育大师的所在？

领袖人物的资格在今日已不比古代的容易了。在古代还可以有刘邦、刘裕一流的枭雄出来平定天下，还可以像赵普那样的人妄想用"半部《论语》治天下"。在今日的中国，领袖人物必须具备充分的现代见识，必须有充分的现代训练，必须有足以引起多数人信仰的人格。这种资格的养成，在今日的社会，除了学校，别无他途。

我们到今日才感觉整顿教育的需要，真有点像"临渴掘井"了。然而治七年之病，终须努力求三年之艾。国家与民族的生命是千万年的。我们在今日如果真感觉到全国无领袖的苦痛，如果真感觉到"盲人骑瞎马"的危机，我们应当深刻地认清只有咬定牙根来彻底整顿教育，稳定教育，提高教育这一条狭路可走。如果这条路上的荆棘不扫除，虎狼不驱逐，奠基不稳固；如果我们还想让这条路去长久埋没在淤泥水潦之中——那么，我们这个国家也只好长久被一班无知识无操守的浑人领导到沉沦的无底地狱里去了。

学生与社会

（1922年2月19日在平民中学的演讲）

今天我同诸君所谈的题目是"学生与社会"。这个题目可以分两层讲:(一)个人与社会;(二)学生与社会。现在先说第一层。

一、个人与社会

（一）个人与社会有密切的关系，个人就是社会的出产品。我们虽然常说"人有个性"，并且提倡发展个性，其实个性于人，不过是千分之一，而千分之九百九十九全是社会的。我们的说话，是照社会的习惯发音；我们的衣服，是按社会的风尚为式样；就是我们的一举一动，无一不受社会的影响。

六年前我作过一首《朋友篇》，在这篇诗里我说:"清夜每自思，此身非吾有；一半属父母，一半属朋友。"如今想来，这百分之五十的比例算法是错了。此身至少有千分之九百九十九是属于广义的朋友的。我们现在虽在此地，而几千里外的人，不少的同我们发生关系。我们不能不穿衣，不能不点灯，这衣服与灯，不知经过多少人的手才造成功的。这许多为我们制衣造灯的人，都是我们不认识的朋友，这衣与灯就是这许多不认识的朋友给与我们的。

再进一步说，我们的思想、习惯、信仰……都是社会的出产品，社会上都说"吃饭"，我们不能改转来说"饭吃"。我们所以为我们，就是这些思想、信仰、习惯……这些既都是社会的，那么除开社会，还能有我吗？

这第一点内要义：我之所以为我，在物质方面，是无数认识与不认识的朋友的；在精神方面，是社会的，所谓"个人"差不多完全是社会的出产品。

（二）个人——我——虽仅是千分之一，但是这千分之一的"我"是很可宝贵的。普通一班的人，差不多千分之千都是社会的，思想、举动、言语、服食都是跟着社会跑。有一二特出者，有千分之一的我——个性，于跟着社会跑的时候，要另外创作，说人家未说的话，做人家不做的事。社会一班人就给他一个浑号，叫他"怪物"。

怪物原有两种：一种是发疯，一种是个性的表现。这种个性表现的怪物，是社会进化的种子，因为人类若是一代一代地互相仿照，不有变更，那就没有进化可言了。唯其有些怪物出世，特立独行，做人不做的事，说人未说的话，虽有人骂他打他，甚而逼他至死，他仍是不改他的怪言、怪行。久而久之，渐渐地就有人模仿他了，由少数的怪，变为多数，更变而为大多数，社会的风尚从此改变，把先前所怪的反视为常了。

宗教中的人物，大都是些怪物，耶稣就是一个大怪物。当时的人都以为有人打我一掌，我就应该还他一掌。耶稣偏要说："有人打我左脸一掌，我应该把右边的脸转送给他。"他的言语、行为，处处与当时的习尚相反，所以当时的人就以为他是一个怪物，把他钉死在十字架上。但是他虽死不改其言行，所以他死后就有人尊敬他，爱慕、模仿他的言行，成为一个大宗教。

怪事往往可以轰动一时，凡轰动一时的事，起先无不是可怪异的。比如缠足，当初一定是很可怪异的，而后来风行了几百年。近来把缠小的足放为天足，起先社会上同样以为可怪，而现在也渐风行了。可见不是可怪，就不能轰动一时。社会的进化，纯是千分之一的怪物，可以牺牲名誉、性命，而作可怪的事、说可怪的话以演成的。

社会的习尚，本来是革不尽，而也不能够革尽的，但是改革一次，虽不能达完全目的，至少也可改革一部分的弊习。譬如辛亥革命，本是一个大改革，以现在的政治社会情况看，固不能说是完全成功，而社会的弊习——如北京的男风，官家厅的公门……附带革除的，实在不少。所以在实际上说，总算是进化得多了。

这第二点的要义：个人的成分，虽仅占千分之一，而这千分之一的个人，就是社会进化的原因。人类的一切发明，都是由个人一点一点改良而成功的。惟有个人可以改良社会，社会的进化全靠个人。

二、学生与社会

由上一层推到这一层，其关系已很明白。不过在文明的国家，学生与社会的特殊关系，当不大显明，而学生所负的责任，也不大很重。唯有在文明程度很低的国家，如像现在的中国，学生与社会的关系特别深，所负的改良的责任也特重。这是因为学生是受过教育的人，中国现在受过完全教育的人，真不足千分之一，这千分之一受过完全教育的学生，在社会上所负的改良责任，岂不是比全数受过教育的国家的学生，特别重大吗？

教育是给人戴一副有光的眼镜，能明白观察；不是给人穿一件锦绣的衣服，在人前夸耀。未受教育的人，是近视眼，没有明白的认识，远大的视力；受了教育，就是近视眼戴了一副近视镜，眼光变了，可以看明清楚远大。学生读了书，造下学问，不是为要到他的爸爸面前，要吃肉菜，穿绸缎；是要认他爸爸认不得的，替他爸爸说明，来帮他爸爸的忙。他爸爸不知道肥料的用法，土壤的选择，他能知道，告诉他爸爸，给他爸爸制肥料、选土壤，那他家中的收获，就可以比别人家多出许多了。

从前的学生都喜欢戴平光的眼镜，那种平光的眼镜戴如不戴，不是教育的结果。教育是要人戴能看从前看不见，并能看人家看不见的眼镜。我说社会的改良，全靠个人，其实就是靠这些戴近视镜，能看人所看不见的个人。

从前眼镜铺不发达，配眼镜的机会少，所以近视眼，老是近视看不远。现在不然了，戴眼镜的机会容易得多了，差不多是送上门来，让你去戴。若是我们不配一副眼镜戴，那不是自弃吗？若是仅戴一副看不清、看不远的平光镜，那也是可耻的事呀。

这是一个比喻，眼镜就是知识，学生应当求知识，并应当求其所要的知识。

戴上眼镜，往往容易招人家厌恶。从前是近视眼，看不见人家脸上的麻子，戴上眼镜，看见人家脸上的麻子，就要说："你是个麻子脸。"有麻子的人，多不愿意别人说他的麻子。要听见你说他是麻子，他一定要骂你，甚而或许打你。这一层意思，就是说受过教育，就认识清社会的恶习，而发不满意的批评。这种不满意社会的批评，最容易引起社会的反感。但是人受教育，求知识，原是为发现社会的弊端，若是受了教育，而对于社会仍是处处觉得满意，那就是你的眼镜配错了光了，应该返回去审查一审查，重配一副光度合适的才好。

从前伽利略因人家造的望远镜不适用，他自己造了一个扩大几百倍的望远镜，能看木星现象。他请人来看，而社会上的人反以为他是魔术迷人，骂他为怪物、革命党，几乎把他弄死。他惟其不屈不挠，不可抛弃他的学说，停止他的研究，而望远镜竟成为今日学问上、社会上重要的东西了。

总之，第一要有知识，第二要有图书。若是没骨子便在社会上站不住。有骨子就是有奋斗精神，认为是真理，虽死不畏，都要去说去做。不以我看见我知道而已，还要使一班人都认识，都知道。由少数变为多数，由多数变为大多数，使一班人都承认这个真理。譬如现在有人反对修铁路，铁路是便利交通，有益社会的，你们应该站在房上喊叫宣传，使人人都知道修铁路的好处。若是有人厌恶你们，阻挡你们，你们就要拿出奋斗的精神，与他抵抗，非把你们的目的达到。不止你们的喊叫宣传，这种奋斗的精神，是改造社会绝不可少的。

二十年前的革命家，现在哪里去了？他们的消灭不外两个原因：（1）眼镜不适用了。二十年前的康有为是一个出风头的革命家，不怕死的好汉子。现在人都笑他为守旧、老古董，都是由他不去把不适用的眼镜换一换的缘故。（2）无骨子。有一班革命家，骨子软了，人家给他些钱，或给他一个差事，教他不要干，他就不敢干了。没有一种奋斗精神，不能拿出"你不要我干，我偏要干"的决心，所以都消灭了。

我们学生应当注意的就是这两点。眼镜的光若是不对了，就去换一副对的来戴；摸着脊骨软了，要吃一点硬骨药。

我的话讲完了，现在讲一个故事来作结束，易卜生所作的《国民公敌》一剧，写一个医生司铎门发现了本地浴场的水里有传染病菌，他还不敢自信，请一位大学教授代为化验，果然不错。他就想要去改良他。不料浴场董事和一般股东因为改造浴池要耗费资本，拼死反对，他的老大哥与他的老丈人也都多方地以情感利诱，但他总是不可软化。他于万分困难之下设法开了一个公民会议，报告他的发明。会场中的人不但不听他的老实话，还把他赶出场去，裤子撕破，宣告他为国民公敌。他气愤不过，说："出去争真理，不要穿好裤子。"他是真有奋斗精神，能够特立独行的人，于这种逼迫之下还是不少退缩。他说："世界最有强力的人就是那最孤立的人。"我们要改良社会，就要学这"争真理不穿好裤子"的态度，相信这"最孤立的人是最有强力的人"的名言。

中学生的修养与择业

（1952年12月27日在台湾地区台东县公共体育场的演讲）

刚才吴县长报告了五十八年前我在此地的一段历史——我在三岁至四岁间，随先人在台东住过一年多，在台南住过十个月——要我把台东看作第二家乡；昨天台南市市长也向台南市市民介绍我是台南人；这番盛意，我非常感谢！吴县长预备在这里要做纪念我先人的举动，实在不敢当。明天举行县议员选举，我将以不是候选人也不是选举人，冒充同乡，到各投票所去参观。

今天我看到了吴县长老太太，看到了她，我非常感动，她可算台东年龄最高的了，她与先母年龄相当，先母如在世，已经有七十九岁了。

我到这里不久，与县长、教育科长、校长等几位谈话，知道了台东的教育是在异常困难的情况下来推进的，我非常敬佩他们艰苦不移紧守岗位的坚毅意志，本来教育厅陈雪屏厅长预备与我们同来的，因台北有事，临时由台南赶回去了，不过教育厅还有一位视察杨日旭先生是同来的，我已经特地要他到各校去视察，并将视察结果报告教育厅，以使省府对台东的教育情形有所了解。

今天我应该讲些什么？事先曾请教吴县长，师范刘校长和同来的几位朋友，他们以今天到场的大多数是青年朋友们，也有青年朋友们的父兄，因此要我讲讲中等教育的东西。同时，我到过的地方，许多朋友常常问我中学生应注重什么？中学毕业后，升学的应该怎样选科？到社会里去的应该怎样择业？我是不懂教育的，不过年纪大些，并且自己也是经过中学大学出来的，同时看到朋友们与我们自己的子弟经过中学，得到一点认识，愿意将自己的认识提出来供大家参考,今天讲的题目,就是:"中学生的修养与中学生的择业"。

中学生的修养应注重两点:

一、工具的求得

中学生大概是从十二岁的幼年到十八岁的青年,这个时期是决定他将来最重要的一个时期。求知识与做人、做事的工具,要在这个时期求得。古人说:"工欲善其事,必先利其器",中学生要将来有成就,便应该注意到"求工具"——学业上、事业上、求知识所需要的工具。求工具的目标有二:一是中学毕业后无力升学要到社会里去就业;一是继续升学。

第一种工具是言语文字。不论就业升学,以我个人的经验和观察所得,语言文字是最需要的工具。在中学里不仅应该学好本国的语言文字,最好能多学一二种外国的语言文字,它是就业升学的钥匙,能为我们打开知识的门。多学得一种语言,等于辟开一个新的花园、新的世界。语言文字,可以说是中学时期应该求得的工具当中非常重要的了。在中学时期如果没有打好语言文字的基础,以后做学问非常困难。而且过了这个时期,很少能够把语言文字弄好的。

第二种工具是科学的基本知识。许多人都说学了数学,将来没有什么用处,这是错误的。数学是自然科学重要的钥匙,如果不能把这个重要的钥匙——数学,与物理学、化学、生物学、矿物学、植物学等,在中学时期学好,则不能求得新的知识。所以中学时期最重要的,是把这些基本知识弄好。

青年们在学校里对于各种基本科学,不能当它是功课,是学校课程里面需要的功课,应该把它当成求知识、做学问、做人的工具,必不可少的工具。拿工具这个观念来看课程,课程便活了。拿工具这个观念来批评课程,可以得到一个标准。首先看看哪些功课够得上作工具,并分出哪些功课是求知识做学问的工具,哪些功课是做人的工具。哪些功课是重要,哪些功课是次要。同时拿工具这个观念来督促自己,来分别轻重缓急,先生的教法,也可以拿工具这个观念来衡量，哪种教法是死的笨的，请先生改良，哪些应该特别注重，请先生注意。我这个话，不是叫学生对先生造反，而是请先生以工具来教，不要死板地照课本讲，这样推动先生，可以使得先生从没有精神提起精神，不是造反而是教学相长，不把功课当作功课看，把它当作必须的工具看。拿工具的观念看功课，功课便是活的，这一点也可以说是中学生治学的方法。

二、良好习惯的养成

良好习惯的养成，即普通所谓的人品教育，品性人格的陶冶。教育学家心理学家都告诉我们说：人品性格是习惯的养成，好的品格是好的习惯养成。中学生是定型的阶段，中学生时期与其注重治学方法，毋宁提倡良好习惯的养成。一个人的坏习惯在中学还可纠正，假使在中学里不能养成良好的习惯，这个人的前途便算完了，在大学里不会是个好学生，在社会里不会是个有用的人才。我愿在这里提醒青年学生们的注意，也请学生的父兄教师们注意。

我们的国家以前专注重文字教育，读书人的指甲蓄得很长，手脸都是白白的，行动是文绉绉的，读书可以从"学而时习之"背诵起，写文章摇摇摆摆地会写出许多好听的词句来，可是他们是无用的，不能动手，也不能动脚，连桌凳有一点坏了，也不能拿起斧头钉子来修理。这种只能背书写文章的读书人就是没有养成良好的习惯——动手动脚的习惯。

我在台湾大学讲"治学方法"时，讲到一个故事：宋时有一新进士请教老前辈做官的秘诀，老前辈告诉他四个字"勤谨和缓"。这四个字，大家称为做官秘诀，我把它看作做人、做事、做学问的秘诀。简单地分别说：

勤，就是不偷懒，不走捷径，要切切实实、辛辛苦苦地去做。要用眼睛的用眼睛，用手的用手，用脚的用脚。先生叫你找材料，你就到应该到的地方去找。叫你找标本，你就到田野，到树林里去找，无论在实验室里，自然界里，都不要偷懒，一点一滴地去做。

谨，就是谨慎，不粗心，不苟且，以江浙的俗话来说，不拆烂污。写字，一点、一横都不放过。写外国字,"i"的一点,"t"的一横,也一样地不放过。做数学,一个圈,一个小数点都不可苟且。不要以为这是小事情,做事关系天下的大事,做学问关系成败,所以细心谨慎,是必须要养成的习惯。

和,就是不要发脾气,不要武断,要虚心,要和和平平。什么叫做虚心?脑筋不存成见,不以成见来观察事,不以成见来对待人。就做学问来说:要以心平气和的态度来做化学、数学、历史、地理,并以心平气和的态度来学语文。无论对事、对人、对物、对问题、对真理,完全是虚心的,这叫做和。

缓,这个字很重要,缓的意思不要忙,不轻易下一个结论。如果没有缓的习惯,前面三个字都不容易做到。譬如找证据,这是很难的工作,如果要几点钟缴卷,就不能做到勤的工夫。忙于完成,证据不够,不管它了,这样就不能做到勤的工夫。匆匆忙忙地去做,当然不能做到和的工夫。所以证据不够,应该悬而不断,就是姑且挂在那里,悬而不断,并不是叫你搁下来不管,是要你勤,要你谨,要你和。缓,就是南方人说的"凉凉去吧",缓的意思,是要等着找到了充分的证据,然后根据事实来下判断。无论作学问、作事、作官、作议员,都是一样的。大家知道治花柳病的名药"六〇六"吧?什么叫"六〇六"呢?经过六百零六次的试验才成功的。"九一四"则试验了九百一十四次。达尔文的生物进化论,认为动植物的生存进化与环境有绝大的关系,也费了三十年的工夫,到四海去搜集标本和研究,并与朋友们往复讨论。朋友们都劝他发表,他仍然不肯。后来英国皇家学会收到另一位科学家华莱士的论文,其结论与达尔文的一样,朋友们才逼着达尔文把研究的结论公布,并提出与朋友们讨论的信件,来证明他早已获得结论。于是皇家学会才决定同华莱士的论文同时发表。达尔文这种持重的态度,不是缺点,是美德。这也是科学史上勤谨和缓的实例,值得我们去想想,作为榜样,尤其青年学生们要在中学里便养成这种好习惯。有了这种好习惯,无论是做人做事做学问,将来不怕没有成就。

中学生高中毕业后,面临的问题是继续升学或到社会去找职业。升学应如何选科？到社会去应如何择业？简单地说，有两个标准：

一、社会的标准

社会上所需要的，最易发财的，最时髦的是什么？这便是社会的标准。台湾大学钱校长告诉我说，今年台大招生，投考学生中外文成绩好的都投考工学院，尤其是考电机工程、机械工程的特多，考文史的则很少，因为目前社会需要工程师，学成后容易得到职业而且待遇好。这种情形，在外国也是一样的，外国最吃香的学科是原子能、物理学和航空工程，干这一行的，最受欢迎，最受优待。

二、个人的标准

所谓个人的标准，就是个人的兴趣、性情、天才近那门学科，适于那一行业。简单地说，能干什么。社会上需要工程师，学工程的固不忧失业，但个人的性情志趣是否与工程相合？父母兄长爱人都希望你学工程，而你的性情志趣，甚至天才，却近于诗词、小说、戏剧、文学，你如迁就父母兄长爱人之所好而去学工程，结果工程界里多了一个饭桶，国家社会失去了一个第一流的诗人、小说家、文学家、戏剧学家，不是可惜了吗？所以个人的标准比社会的标准重要。因为社会标准所需要的太多，中国人常说社会职业有三百六十行，这是以前的说法，现在何止三百六十行，也许三千六百行，三万六千行都有，三千六百行，三万六千行，行行都需要。社会上需要建筑工程师，需要水利工程师，需要电力工程师，也需要大诗人、大美术家、大法学家、大政治家，同时也需要做新式马桶的工人。能做新式马桶的，照样可以发财。社会上三万六千行，既是行行都需要，一个人决不可能会做每行的事，顶多会二三行，普遍都只能会一行的。在这种情形之下，试问是社会的标准重要？还是个人的标准重要？当然是个人的重要！因此选科择业不要太注重社会上的需要，更不要迁就父母兄长爱人的所好。爸爸要你学赚钱的职业，妈妈要你学时髦的职业，爱人要你学社会上有地位的职业，你都不要管他，只问你自己的性情近乎什么？自己的天才力量能做什么？配做什么？要根据这些来决定。

历史上在这一方面，有很好的例子。意大利的伽利略是科学的老祖宗，是新的天文学家，新的物理学家的老祖宗。他的父亲是一个数学家，当时学数学的人很倒霉。在伽利略进大学的时候（三百多年前），他父亲因不喜欢数学，所以要他学医，可是他读医科，毫无兴趣，朋友们以为他的绘画还不坏，认为他有美术天才，劝他改学美术，他自己也颇以为然。有一天他偶然走过雷积教授替公爵府里面做事的人补习几何学的课室，便去偷听，竟大感兴趣，于是医学不学了，画也不学了，改学他父亲不喜欢的数学，后来替全世界创立了新的天文学、新的物理学，这两门学问都建筑于数学之上。

最后说我个人到外国读书的经过。民国前二年，考取官费留美，家兄特从东三省赶到上海为我送行，因家道中落，要我学铁路工程，或矿冶工程，他认为学了这些回来，可以复兴家业，并替国家振兴实业。不要我学文学、哲学，也不要学做官的政治法律，说这是没有用的。当时我同许多人谈谈这个问题。因路矿都不感兴趣，为免辜负兄长的期望，决定选读农科，想做科学的农业家，以农报国。同时美国大学农科，是不收费的，可以节省官费的一部分，寄回补助家用。进农学院以后第三个星期，接到实验系主任的通知，要我到该系报到实习。报到以后，他问我："你有什么农场经验？"我说："我不是种田的。"他又问我："你做什么呢？"我说："我没有做什么，我要虚心来学，请先生教我。"先生答应说："好。"接着问我洗过马没有，要我洗马。我说："我们中国种田，是用牛不是用马。"先生说："不行。"于是学洗马，先生洗一半，我洗一半。随即学驾车，也是先生套一半，我套一半。做这些实习，还觉得有兴趣。下一个星期的实习，为苞谷选种，一共有百多种，实习结果，两手起了泡，我仍能忍耐，继续下去。一个学期结束了，各种功课的成绩，都在八十五分以上。到了第二年，成绩仍旧维持到这个水准。依照学院的规定，各科成绩在八十五分以上的，可以多选两个学分的课程，于是增选了种果学。起初是剪树、接种、浇水、捉虫，这些工作，也还觉得有兴趣。在上种果学的第二星期，有两小时的实习苹果分类，一张长桌，每个位子分置了四十个不同种类的苹果，一把小刀，一本苹果分类册，学生们须根据每个苹果的长短、开花孔的深浅、颜色、形状、果味和脆软等标准，查对苹果分类册，分别其类别（那时美国苹果有四百多类，现恐有六百多类了），普通名称和学名。美国同学都是农家子弟，对于苹果的普通名称一看便知，只需在苹果分类册里查对学名，便可填表缴卷，费时甚短。我和一位郭姓同学则须一个一个地经过所有鉴别的手续，花了两小时半，只分类了二十个苹果，而且大部分是错的。晚上我对这种实习起了一种念头：我花了两小时半的时间，究竟是在干什么？中国连苹果种子都没有，我学它什么用处？自己的性情不相近，干吗学这个？这两个半钟头的苹果实习使我改行，于是，决定离开农科。放弃一年半的时间（这时我已上了一年半的课）牺牲了两年的学费，不但节省官费补助家用已不可能，维持学业很困难，以后我改学文科，学哲学、政治、经济、文学。在没有回国时，以前与朋友们讨论文学问题，引起了中国的文学革命运动，提倡白话，拿白话作文，作教育工具，这与农场经验没有关系，与苹果学没有关系，是我那时的兴趣所在。我的玩意儿对国家贡献最大的便是文学的"玩意儿"，我所没有学过的东西。最近研究《水经注》（地理学的东西）。我已经六十二岁了，还不知道我究竟学什么？都是东摸摸、西摸摸，也许我以后还要学学水利工程亦未可知，虽则我现在头发都白了，还是无所专长，一无所成。可是我一生很快乐，因为我没有依社会需要的标准去学时髦。我服从了自己的个性，根据个人的兴趣所在去做，到现在虽然一无所成，但是我生活得很快乐，希望青年朋友们，接受我经验得来的这个教训，不要问爸爸要你学什么，妈妈要你学什么，爱人要你学什么，要问自己性情所近，能力所能做的去学。这个标准很重要，社会需要的标准是次要的。

青年人的苦闷

（1947年6月2日，北大工学院学生邓世华给胡适写信表达了对国民党统治的不满。胡适给他回信，后改写成《青年人的苦闷》发表在《独立时论》上，后收入《独立时论集》第一集，1948年4月北平独立时论社出版）

今年6月2日早晨，一个北京大学一年级学生，在悲观与烦闷之中，写了一封很沉痛的信给我。这封信使我很感动，所以我在那个6月2日的半夜后写了一封一千多字的信回答他。

我觉得这个青年学生诉说他的苦闷不仅是他一个人感受的苦闷，他要解答的问题也不仅是他一个人要问的问题。今日无数青年都感觉大同小异的苦痛与烦闷，我们必须充分了解这件绝不容讳饰的事实，我们必须帮助青年人解答他们渴望解答的问题。

这个北大一年级学生来信里有这一段话：

生自小学毕业到中学，过了八年沦陷生活，苦闷万分，夜中偷听后方消息，日夜企盼祖国胜利，在深夜时暗自流泪，自恨不能为祖国作事。对蒋主席之崇拜，无法形容。但胜利后，我们接收大员及政府所表现的，实在太不像话……生从沦陷起对政府所怀各种希望完全变成失望，且曾一度悲观到萌自杀的念头……自四月下旬物价暴涨，同时内战更打得起劲。生亲眼见到同胞受饥饿而自杀，以及内战的惨酷，联想到祖国的今后前途，不禁悲从中来，原因是生受过敌人压迫，实在怕作第二次亡国奴……我伤心，我悲哀，同时绝望——

在绝望的最后几分钟，问您几个问题。

他问了我七个问题，我现在挑出这三个：

一、国家是否有救？救的方法为何？

二、国家前途是否绝望？若有，希望在那里？请具体示知。

三、青年人将苦闷死了，如何发泄？

以上我摘抄这个青年朋友的话，以下是我答复他的话的大致，加上后来我自己修改引申的话。这都是我心里要对一切苦闷青年说的老实话。

我们今日所受的苦痛，都是我们这个民族努力不够的当然结果。我们事事不如人：科学不如人，工业生产不如人，教育不如人，知识水准不如人，社会政治组织不如人；所以我们经过了八年的苦战，大破坏之后，恢复很不容易。人家送兵船给我们，我们没有技术人才去驾驶。人家送工厂给我们——如胜利之后敌人留下了多少大工厂——而我们没有技术人才去接收使用，继续生产，所以许多烟囱不冒烟了，机器生了锈，无数老百姓失业了！

青年人的苦闷失望——其实岂但青年人苦闷失望吗？——最大原因都是因为我们前几年太乐观了，大家都梦想"天亮"，都梦想一旦天亮之后就会"天朗气清，惠风和畅"，有好日子过了！

这种过度的乐观是今日一切苦闷悲观的主要心理因素。大家在那"夜中偷听后方消息，日夜企盼祖国胜利"的心境里，当然不会想到战争是比较容易的事，而和平善后是最困难的事。在胜利的初期，国家的地位忽然抬高了，从一个垂亡的国家一跳就成了世界上第四强国了！大家在那狂喜的心境里，更不肯去想想坐稳那世界第四把交椅是多大困难的事业。天下哪有科学落后、工业生产落后、政治经济社会组织事事落后的国家可以坐享世界第四强国的福分！

试看世界的几个先进国家，战胜之后，至今都还不能享受和平的清福，都还免不了饥饿的恐慌。美国是唯一的例外。前年11月我到英国，住在伦敦第一等旅馆里，整整三个星期，没有看见一个鸡蛋！我到英国公教人员家去，很少人家有一盒火柴，却只用小木片向炉上点火供客。大多数人的衣服都是旧的补丁的。试想英国在三十年前多么威风！在第二次大战之中，英国人一面咬牙苦战，一面都明白战胜之后英国的殖民地必须丢去一大半，英国必须降为二等大国，英国人民必须吃大苦痛。但英国人的知识水准高，大家绝不悲观，都能明白战后恢复工作的巨大与艰难，必须靠大家束紧裤带，挺起脊梁，埋头苦干。

我们中国今日无数人的苦闷悲观，都由于当年期望太奢而努力不够。我们在今日必须深刻地了解：和平善后要比八年抗战[①]困难得多多。大战时须要吃苦努力，胜利之后更要吃苦努力，才可以希望在十年二十年之中做出一点复兴的成绩。

国家当然有救，国家的前途当然不绝望。这一次日本的全面侵略，中国确有亡国的危险。我们居然得救了。现存的几个强国，除了一个国家还不能使我们完全放心之外，都绝对没有侵略我们的企图。我们的将来全靠我们自己今后如何努力。

正因为我们今日的种种苦痛都是从前努力不够的结果，所以我们将来的恢复与兴盛决没有捷径，只有努力工作一条窄路，一点一滴地努力，一寸一尺地改善。

悲观是不能救国的，呐喊是不能救国的，口号标语是不能救国的，责人而自己不努力是不能救国的。

我在二十多年前最爱引易卜生对他的青年朋友说的一句话："你要想有益于社会，最好的法子莫如把自己这块材料铸造成器。"我现在还要把这句话赠送给一切悲观苦闷的青年朋友。社会国家需要你们作最大的努力，所以你们必须先把自己这块材料铸造成有用的东西，方才有资格为社会国家努力。

今年4月16，美国南卡罗来纳州的州议会举行了一个很隆重的典礼，悬挂本州最有名的公民巴鲁克（Bernard M. Baruch）的画像在州议会的壁上，

[①] "八年抗战"，指1937卢沟桥事变后开始的全国抗战，后开始的局部抗战在内的整个反抗日本帝国主义斗争，现从"九一八"事变开始计算，为十四年抗战。

请巴鲁克先生自己来演说。巴鲁克先生今年七十七岁了，是个犹太的美国大名人。当第一次世界大战时，他是威尔逊总统的国防顾问，是原料委员会的主任，后来专管战时工业原料。巴黎和会时，他是威尔逊的经济顾问。当第二次世界大战时，他是战时动员总署的专家顾问，是罗斯福总统特派的人造橡皮研究委员会的主任。战争结束后，他是总统特任的原子能管理委员会的主席。他是两次世界大战都曾出大力有大功的一个公民。

这一天，这位七十七岁的巴鲁克先生起来答谢他的故乡同胞对他的好意，他的演说辞是广播全国对全国人民说的。他的演说，从头至尾，只有一句话：美国人民必须努力工作，必须为和平努力工作，必须比战时更努力工作。

巴鲁克先生说："现在许多人说借款给人可以拯救世界，这是一个最大的错觉。只有大家努力做工可以使世界复兴，如果我们美国愿意担负起保存文化的使命，我们必须作更大的努力，比我们四年苦战还更大的努力。我们必须准备出大汗，努力撙节，努力制造世界人类需要的东西，使人们有面包吃，有衣服穿，有房子住，有教育，有精神上的享受，有娱乐。"

他说："工作是把苦闷变成快乐的炼丹仙人。"他又说："美国工人现在的工作时间太短了，不够应付世界的需要。"他主张：如果不能回到每周六天，每天八小时的工作时间，至少要大家同心做到每周四十四小时的工作；不罢工，不停顿，才可以做出震惊全世界的工作成绩来。

巴鲁克先生最后说："我们必须认清：今天我们正在四面包围拢来的通货膨胀的危崖上，只有一条生路，那就是工作。我们生产越多，生活费用就越减低；我们能购买的货物也就越加多，我们的剩余力量（物质的、经济的、精神的）也就越容易积聚。"

我引巴鲁克先生的演说，要我们知道，美国在这极强盛极光荣的时候，他们远见的领袖还这样力劝全国人民努力工作。"工作是把苦闷变成快乐的炼丹仙人。"我们中国青年不应该想想这句话吗？

大宇宙中谈博爱

（1956年9月17日在中西部留美同学夏令大会上的演讲）

"博爱"就是爱一切人。这题目范围很大。在未讨论以前，让我们先看一个问题："我们的世界有多大？"

我的答复是"很大！"我从前念《千字文》的时候，一开头便已念到这样的辞句："天地玄黄，宇宙洪荒。"宇宙是中国的字，和英文的"universe""world"意思差不多，都是抽象名词。宇是空间（space）即东南西北；宙是时间（time）即古今旦暮。《淮南子》说宇是上下四方，宙是古往今来。宇宙就是天地，宇宙就是"time‑space"。古人能得"universe"的观念实在不易，相当合于今日的科学。但古人所见的空间很小，时间很短，现在的观念已扩大了许多。考古学探讨千万年的事，地质学、古生物学、天文学等不断地发现，更将时间空间的观念扩大。

现在的看法：空间是无穷的大，时间是无穷的长。

古人只见到八大行星，二十年前只见九大行星。现在所谓的银河，是古代所未能想象得到的。以前觉得太阳很远，现在说起来算不得什么，因为比太阳远千万倍的东西多得很。

科学就这样答复了"宇宙究竟有多大"这个问题。

现在谈第二点：博爱。

在这个大世界里谈博爱，真是个大问题。广义的爱，是世界各大宗教的最终目的。墨子可谓中国历史上最了不起的人，可说是宗教创立者

胡适

（founder of religion），他提出"兼爱"为他的理论中心。兼爱就是博爱，是爱无等差的爱。墨子理论和基督教教义有很多相合的地方，如"爱人如己""爱我们的仇敌"等。

佛教哲学本谓一切无常，我亦无常，"我"是"四大"（土、水、火、风）偶然结合而成的，是十分简单的东西，因此无所谓爱与恨——根本不值得爱，也不值得恨。但早期佛教亦有爱的意念在：我既无常，可牺牲以为人。

和尚爱众生，但是佛教不准自食其力，所以有人称之为"叫花"（乞丐）宗教。自己的饭亦须取之于人，何能博爱？

古时很多人为了"爱"，每次登坑（大便）的时候便想，想，大想一番，想到爱人。有些人则以身喂蚊，或以刀割肉，以自身所受的痛苦来显示他们对人的爱。这种爱的方法，只能做到牺牲自己，在现代的眼光看来，是可笑的。这种博爱给人的帮助十分有限，与现代的科学——工程、医学……所能给我们的"博爱"比起来，力量实在小得可怜。今日的科学增进了人类互助博爱的能力。就说最近意大利邮船"Andrea Doria"号遇难的事吧，短短的数小时内就救起千多人。近代交通、医学等的发达，减少了人类无数的痛苦。

我们要谈博爱，一定要换一观念。古时那种喂蚊割肉的博爱，等于开空头支票，毫无价值。现在的科学才能放大我们的眼光，促进我们的同情心，增加我们助人的能力。我们需要一种以科学为基础的博爱——一种实际的博爱。

孔子说："修己以敬,修己以安人,修己以安百姓。"修己就是把自己弄好。我们应当先把自己弄好，然后帮助别人；独善其身然后能兼善天下。同学们，现在我们读书的时候，不要空谈高唱博爱；但应先努力学习，充实自己，到我们有充分能力的时候才谈博爱，仍不算迟。

一个防身药方的三味药

（1960 年 6 月 18 日在台南成功大学毕业典礼上的演讲）

毕业班的诸位同学，现在都得离开学校去开始你们自己的事业了，今天的典礼，我们叫作"毕业"，叫作"卒业"，在英文里叫作"始业"(commencement)，你们的学校生活现在有一个结束，现在你们开始进入一段新的生活，开始撑起自己的肩膀来挑自己的担子，所以叫作"始业"。

我今天承毕业班同学的好意，承阁校长的好意，要我来说几句话，我进大学是在五十年前（1910 年），我毕业是在四十六年前（1914 年），够得上做你们的老大哥了，今天我用老大哥的资格，应该送你们一点小礼物。我要送你们的小礼物只是一个防身的药方，给你们离开校门，进入大世界，作随时防身救急之用的一个药方。

这个防身药方只有三味药：

第一味药叫做"问题丹"。

第二味药叫做"兴趣散"。

第三味药叫做"信心汤"。

第一味药，"问题丹"。就是说：每个人离开学校，总得带一两个麻烦而有趣味的问题在身边作伴，这是你们入世的第一要紧的救命宝贝。

问题是一切知识学问的来源，活的学问、活的知识，都是为了解答实际上的困难，或理论上的困难而得来的。年轻入世的时候，总得有一个两个不大容易解决的问题在脑子里，时时向你挑战，时时笑你不能对付他，不能奈

胡适

何他，时时引诱你去想他。

只要你有问题跟着你，你就不会懒惰了，你就会继续有智识上的长进了。

学堂里的书，你带不走；仪器，你带不走；先生，他们不能跟你去，但是问题可以跟你走到天边！有了问题，没有书，你自会省吃省穿去买书；没有仪器，你自会卖田卖地去买仪器；没有好先生，你自会去找好师友；没有资料，你自会上天下地去找资料。

各位青年朋友，你今天离开学校，夹袋里准备了几个问题跟着你走？

第二味药，叫做"兴趣散"，这就是说：每个人进入社会，总得多发展一点儿专门职业以外的兴趣——"业余"的兴趣。

你们多数是学工程的，当然不愁找不到吃饭的职业，但四年前你们选择的专门职业，真是你们自己的自由志愿吗？你们现在还感觉你们手里的文凭真可以代表你们每个人终身的志愿，终身的兴趣吗？换句话说，你们今天不懊悔吗？明年今天还不会懊悔吗？

你们在这四年里，没有发现什么新的，业余的兴趣吗？在这四年里，没有发现自己在本行以外的才能吗？

总而言之，一个人应该有他的职业，又应该有他的非职业的玩意儿。不是为吃饭而是心里喜欢做的，用闲暇时间做的——这种非职业的玩意儿，可以使他的生活更有趣，更快乐，更有意思，有时候，一个人的业余活动也许比他的职业更重要。

英国 19 世纪的两个哲学家，一个是密尔（J.S.Mill），他的职业是东印度公司的秘书，他的业余工作使他在哲学上、经济学上、政治思想史上，都有很大的贡献。一个是斯宾塞（Herbert Spencer），他是一个测量工程师，他的业余工作使他成为一个很有势力的思想家。

英国的大政治家丘吉尔，政治是他的终身职业，但他的业余兴趣很多，他在文学、历史两方面，都有大成就；他用余力作油画，成绩也很好。

今天到自由中国的贵宾，美国大总统艾森豪威尔先生，他的终身职业是军事,人们都知道他最爱打高尔夫球,但我们知道他的油画也很有工夫。

各位青年朋友,你们的专门职业是不用愁的了,你们的业余兴趣是什么?你们能做的,爱做的业余活动是什么?

第三味药,我叫他做"信心汤",这就是说:你总得有一点信心。

我们生存在这个年头,看见的、听见的,往往都是可以叫我们悲观、失望的——有时候竟可以叫我们伤心,叫我们发疯。

这个时代,正是我们要培养我们的信心的时候,没有信心,我们真要发狂自杀了。

我们的信心只有一句话"努力不会白费",没有一点努力是没有结果的。

对你们学工程的青年人,我还用多举例来说明这种信心吗?工程师的人生哲学当然建筑在"努力不白费"的定律的基石之上。

我只举这短短几十年里大家都知道的两个例子:

一个是亨利·福特(Henry Ford),这个人没有受过大学教育。他小时半工半读,只读了几年书,十六岁就在一小机器店里做工,每周工钱两块半美金,晚上还得去帮别家做夜工。

五十七年前(1903年)他三十九岁,他创立 Ford Motor Co.(福特汽车公司),原定资本十万元,只招得两万八千元。

五年之后(1908年),他造成了他的最出名的 Model T 汽车,用全力制造这一种车子。

1913年——我已在大学三年级了,福特先生创立他的第一副"装配线"(assembly line)。

1914年——四十六年前,他就能够完全用"装配线"的原理来制造他的汽车了。同时(1914年)他宣布他的汽车工人每天只工作八点钟,比别处工人少一点钟——而每天最低工钱五元美金,比别人多一倍。

他的汽车开始是九百五十元一部,他逐年减低卖价,从九百五十元直减到三百六十元——第一次世界大战之后,减到二百九十元一部。

他的公司，在创办时（1903年）只有两万八千元的资本——到二十三年之后（1926年）已值得十亿美金了！已成了全世界最大的汽车公司了。1915年，他造了一百万部汽车，1928年，他造了一千五百万部车。

他的"装配线"的原则在二十年里造成了全世界的"工业新革命"。

福特的汽车在五十年中征服全世界的历史还不能叫我们发生"努力不白费"的信心吗？

第二个例子是航空工程与航空工业的历史。

也是五十七年前——1903年12月17日，正是我十二整岁的生日——那一天，在北卡罗来纳州的海边 Kitty Hawk（基蒂霍克）沙滩上，两个修理脚踏车的匠人，兄弟两人，用他们自己制造的一只飞机，在沙滩上试起飞，弟弟叫 Owille Wright，他飞起了十二秒钟。哥哥叫 Wilbur Wright，他飞起了五十九秒钟。

那是人类制造飞机飞在空中的第一次成功——现在那一天（12月17日）是全美国庆祝的"航空日"——但当时并没有人注意到那两个弟兄的试验，但这两个没有受过大学教育的脚踏车修理匠人，他们并不失望，他们继续试飞，继续改良他们的飞机，一直到四年半之后（1908年5月），才有重要的报纸来报导那两个人的试飞，那时候，他们已能在空中飞三十八分钟了！

这四十年中，航空工程的大发展，航空工业的大发展，是你们学工程的人都知道的，航空工业在最近三十年里已成了世界最大工业的一种。

我第一次看见飞机是在1912年。我第一次坐飞机是在1930年（30年前）。我第一次飞过太平洋是在二十三年前（1937年）；第一次飞过大西洋是在十五年前（1945年），当我第一次飞渡太平洋的时候，从香港到旧金山总共费了七天！去年我第一次坐 Jet 机（飞机），从旧金山到纽约，五个半钟点飞了三千英里！下月初，我又得飞过太平洋，当天中午起飞，当天晚上就到美国西岸了！

五十七年前，Kitty Hawk 沙滩上两个脚踏车修理匠人自造的一个飞机居然在空中飞起了十二秒钟,那十二秒钟的飞行就给人类打开了一个新的时代——打开了人类的航空时代。

这不够叫我们深信"努力不会白费"的人生观吗?

古人说:"信心可以移山。"(Faith moves mountains) 又说:"功不唐捐。"(唐是空的意思)又说:"只要功夫深,生铁磨成绣花针。"

青年朋友,你们有这种信心没有?

一个问题

（原载于1919年7月20日《每周评论》第31号）

我到北京不到两个月。这一天我在中央公园里吃冰，几位同来的朋友先散了；我独自坐着，翻开几张报纸看看，只见满纸都是讨伐西南和召集新国会的话。我懒得看那些疯话，丢开报纸，抬起头来，看见前面来了一男一女，男的抱着一个小孩子，女的手里牵着一个三四岁的孩子。我觉得那男的好生面善，仔细打量他，见他穿一件很旧的官纱长衫，面上很有老态，背脊微有点弯，因为抱着孩子，更显出曲背的样子。他看见我，也仔细打量。我不敢招呼，他们就过去了。走过去几步，他把小孩子交给那女的，他重又回来，问我道："你不是小山吗？"我说："正是。你不是朱子平吗？我几乎不敢认你了！"他说："我是子平，我们八九年不见，你还是壮年，我竟成了老人了，怪不得你不敢招呼我。"

我招呼他坐下，他不肯坐，说他一家人都在后面坐久了，要回去预备晚饭了。我说："你现在是儿女满前的福人了。怪不得要自称老人了。"他叹口气，说："你看我狼狈到这个样子，还要取笑我？我上个月见着伯安、仲实弟兄们，才知道你今年回国。你是学哲学的人，我有个问题要请教你，我问过多少人，他们都说我有神经病，不大理会我。你把住址告诉我，我明天来看你。今天来不及谈了。"

我把住址告诉了他，他匆匆地赶上他的妻子，接过小孩子，一同出去了。

我望着他们出去，心里想道：朱子平当初在我们同学里面，要算一个很有豪气的人，怎么现在弄得这样潦倒？看他见了一个多年不见的老同学，一开口就有什么问题请教，怪不得人说他有神经病。但不知他因为潦倒了才有神经病呢？还是因为有了神经病所以潦倒呢？

第二天一大早，他果然来了。他比我只大得一岁，今年三十岁。但是他头上已有许多白发了。外面人看来，他至少要比我大十几岁。

他还没有坐定，就说："小山，我要请教你一个问题。"

我问他什么问题。他说："我这几年以来，差不多没有一天不问自己道：人生在世，究竟是为什么的？我想了几年，越想越想不通。朋友之中也没有人能回答这个问题。起先他们给我一个'哲学家'的绰号，后来他们竟叫我做朱疯子了！小山，你是见多识广的人，请你告诉我，人生在世，究竟是为什么的？"

我说："子平，这个问题是没有答案的。现在的人最怕的是有人问他这个问题。得意的人听着这个问题就要扫兴，不得意的人想着这个问题就要发狂。他们是聪明人，不愿意扫兴，更不愿意发狂，所以给你一个'疯子'的绰号，就算完了——我要问你，你为什么想到这个问题上去呢？"

他说："这话说来很长，只怕你不爱听。"

我说我最爱听。他叹了一口气，点着一根纸烟，慢慢地说。以下都是他的话。

我们离开高等学堂那一年，你到英国去了，我回到家乡，生了一场大病，足足地病了十八个月。病好了，便是辛亥革命，把我家在汉口的店业就光复掉了。家里生计渐渐困难，我不能不出来谋事。那时伯安、石生一班老同学都在北京，我写信给他们，托他们寻点事做。后来他们写信给我，说从前高等学堂的老师陈老先生答应要我去教他的孙子。我到北京，就住在陈家。陈老先生在大学堂教书，又担任女子师范的国文，一个月拿的钱很多，但是他的两个儿子都不成器，老头子气得很，发愤要教育他几个孙子成人。但是他一个人教两处书，哪有工夫教小孩子？你知道我同伯安都是他的得意学生，所以他叫我去，给我二十块钱一个月，住的房子，吃的饭，都是他的，总算他老先生的一番好意。

过了半年，他对我说，要替我做媒。说的是他一位同年的女儿，现在女子师范读书，快要毕业了。那女子我也见过一两次，人倒很朴素稳重。但是我一个月拿人家二十块钱，如何养得起家小？我把这个意思回复他，谢他的好意。老先生有点不高兴，当时也没说什么。过了几天，他请了伯安、仲实弟兄到他家，要他们劝我就这门亲事。他说，"子平的家事，我是晓得的。他家三代单传，嗣续的事不能再缓了。二十多岁的少年，哪里怕没有事做？还怕养不活老婆吗？我替他做媒的这头亲事是再好也没有的。女的今年就毕业，毕业后还可在本京蒙养院教书，我已经替她介绍好了。蒙养院的钱虽不多，也可以贴补一点家用。他再要怕不够时，我把女学堂的三十块钱让他去教。我老了，大学堂一处也够我忙了。你们看我这个媒人总可算是竭力报效了。"

伯安弟兄把这番话对我说，你想我如何能再推辞。我只好写信告诉家母。家母回信，也说了许多"三代单传，不孝有三，无后为大"的话。又说："陈老师这番好意，你稍有人心，应该感激图报，岂可不识抬举。"

我看了信，晓得家母这几年因为我不肯娶亲，心里很不高兴，这一次不过是借题发点牢骚。我仔细一想，觉得做了中国人，老婆是不能不讨的，只好将就点罢。

我去找伯安、仲实，说我答应订定这头亲事，但是我现在没有积蓄，须过一两年再结婚。

他们去见老先生，老先生说："女孩子今年二十三岁了，她父亲很想早点嫁了女儿，好替他小儿子娶媳妇。你们去对子平说，叫他等女的毕业了就结婚。仪节简单一点，不费什么钱。他要用木器家具，我这里有用不着的，他可以搬去用。我们再替他邀一个公份，也就可以够用了。"

他们来对我说，我没有话可驳回，只好答应了。过了三个月，我租了一所小屋，预备成亲。老先生果然送了一些破烂家具，我自己添置了一点。伯安、石生一些人发起一个公份，送了我六十多块钱的贺仪，只够我替女家做了两套衣服，就完了。结婚的时候，我还借了好几十块钱，才勉强把婚事办了。

结婚的生活，你还不曾经过。我老实对你说，新婚的第一年，的确是很有乐趣的生活。我的内人，人极温和，她晓得我的艰苦，我们从不肯乱花一个钱。我们只用一个老妈，白天我上陈家教书，下午到女师范教书，她到蒙养院教书。晚上回家，我们自己做两样家乡小菜，吃了晚饭，闲谈一会，我改我的卷子，她陪我坐着做点针线。我有时做点文字卖给报馆，有时写到夜深才睡。她怕我身体过劳，每晚到了十二点钟，她把我的墨盒纸笔都收了去，吹灭了灯，不许我再写了。

小山，这种生活，确有一种乐趣。但是不到七八个月，我的内人就病了，呕吐得很厉害。我们猜是喜信，请医生来看，医生说八成是有喜。我连忙写信回家，好叫家母欢喜。老人家果然欢喜得很，托人写信来说了许多孕妇保重身体的法子，还做了许多小孩的衣服小帽寄来。

产期将近了。她不能上课，请了一位同学代她。我添雇了一个老妈子，还要准备许多临产的需要品。好容易生下一个男孩子来。产后内人身体不好，乳水不够，不能不雇奶妈。一家平空减少了每月十几块钱的进账，倒添上了几口人吃饭拿工钱，家庭的担负就很不容易了。

过了几个月，内人身体复原了，依旧去上课，但是记挂着小孩子，觉得很不方便。看十几块钱的面上，只得忍着心肠做去。

不料陈老先生忽然得了中风的病，一起病就不能说话，不久就死了。他那两个宝贝儿子，把老头子的一点存款都瓜分了，还要赶回家去分田产，把我的三个小学生都带回去了。

我少了二十块钱的进款，正想寻事做，忽然女学堂的校长又换了人，第二年开学时，他不曾送聘书来，我托熟人去说，他说我的议论太偏僻了，不便在女学堂教书。我生了气，也不曾再去求他了。

伯安那时做众议院的议员，在国会里颇出点风头。我托他设法。他托陈

胡适

老先生的朋友把我荐到大学堂去当一个事务员，一个月拿三十块钱。

我们只好自己刻苦一点，把奶妈和那添雇的老妈子辞了。每月只吃三四次肉，有人请我吃酒，我都辞了不去，因为吃了人的，不能不回请。戏园里是四年多不曾去过了。

但是无论我们怎样节省，总是不够用。过了一年又添了一个孩子。这回我的内人自己给他奶吃，不雇奶妈了。但是自己的乳水不够，我们用开成公司的豆腐浆代他，小孩子不肯吃，不到一岁就殇掉了。内人哭得什么似的。我想起孩子之死全系因为雇不起奶妈，内人又过于省俭，不肯吃点滋养的东西，所以乳水更不够。我看见内人伤心，我心里实在难过。

后来时局一年坏似一年，我的光景也一年更紧似一年。内人因为身体不好，辍课太多，蒙养院的当局颇说嫌话，内人也有点拗性，索性辞职出来。想找别的事做，一时竟寻不着。北京这个地方，你想寻一个三百五百的阔差使，反不费力。要是你想寻二三十块钱一个月的小事，那就比登天还难。到了中、交两行停止兑现的时候，我那每月三十块钱的票子更不够用了。票子的价值越缩下去，我的大孩子吃饭的本事越大起来。去年冬天，又生了一个女孩子，就是昨天你看见我抱着的。我托了伯安去见大学校长，请他加我的薪水，校长晓得我做事认真，加了我十块钱票子，共是四十块，打个七折，四七二十八，你替我算算，房租每月六块，伙食十五块，老妈工钱两块，已是二十三块钱了。剩下五块大钱，每天只派着一角六分大洋做零用钱。做衣服的钱都没有，不要说看报买书了。大学图书馆里虽然有书有报，但是我一天忙到晚，公事一完，又要赶回家来帮内人照应小孩子，哪里有工夫看书阅报？晚上我腾出一点工夫做点小说，想赚几个钱。我的内人向来不许我写过十二点钟的，于今也不来管我了。她晓得我们现在所处的境地，非寻两个外快钱不能过日子，所以只好由我写到两三点钟才睡。但是现在卖文的人多了，我又没有工夫看书，全靠绞脑子，挖心血，没有接济思想的来源，做的东西又都是百忙里偷闲潦草做的，哪里会有好东西？所以往往卖不起价钱，有时原稿退回，我又修改一点，寄给别家。前天好容易卖了一篇小说，拿着五块钱，所以昨天全家去逛"中央公园"，去年我们竟不曾去过。

我每天五点钟起来——冬天六点半起来——饭后靠着桌子偷睡半个钟头，一直忙到夜深半夜后。忙的是什么呢？我要吃饭，老婆要吃饭，还要喂小孩子吃饭——所忙的不过为了这一件事！

我每天上大学去，从大学回来，都是步行。这就是我的体操，不但可以省钱，还可给我一点用思想的时间，使我可以想小说的布局，可以想到人生的问题。有一天，我的内人的姐夫从南边来，我想请他上一回馆子，家里恰没有钱，我去问同事借，那几位同事也都是和我不相上下的穷鬼，哪有钱借人？我空着手走回家，路上自思自想，忽然想到一个大问题，就是"人生在世，究竟是为什么的？"我一头想，一头走，想入了迷，就站在北河沿一棵柳树下，望着水里的树影子，足足站了两个钟头。等到我醒过来走回家时，天已黑了，客人已走了半天了！

自从那一天到现在，几乎没有一天我不想到这个问题。有时候，我从睡梦里喊着："人生在世，究竟是为什么的？"

小山，你是学哲学的人。像我这样养老婆，喂小孩子，就算做了一世的人吗……

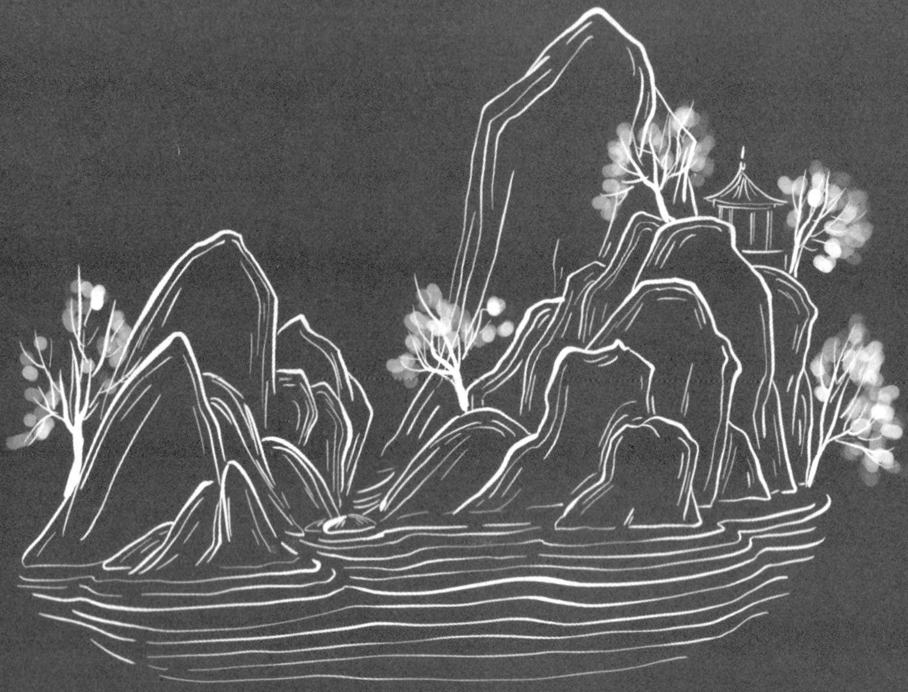

废

名

废名（1901—1967），湖北黄梅人，原名冯文炳，中国作家、诗人、小说家，在文学史上被视为"京派文学"的鼻祖。代表作品《竹林的故事》《桃园》《莫须有先生传》《阿赖耶识论》。

志 学

(原载于 1936 年 10 月 4 日北平《世界日报》副刊《明珠》)

孔子说他"十有五而志于学",三十,四十,五十,六十,一直说到七十岁的进步。十年以来,我好读《论语》,懂得的我就说我懂得,不懂得的我就觉得我不能懂得,前后的了解也有所不同,到得现在大致我总可以说我了解《论语》了。有趣的最是"志学"这一章。前几年我对于孔夫子所作他自己六十岁七十岁的报告,即"六十而耳顺,七十而从心所欲不逾矩"。不能懂得,似乎也不想去求懂得,尝自己同自己说笑话,我们没有到六十七十,应该是不能懂得的。那时我大约是"三十",那么四十五十岂非居之不疑吗?当真懂得了吗?这些都是过去了的话,现在也不必去挑剔了。大约是在一二年前,我觉得我能了解孔子耳顺与从心的意思,自己很是喜悦,谁知此一喜悦乃终身之忧,我觉得我学不了孔夫子了,颇有儿女子他生未卜此生休的感慨。去年夏间我曾将这点意思同吾乡熊十力先生谈,当时我大约是有所触发,自己对于自己不满意。熊先生听了我的话,沉吟半晌,慢慢说他的意思,大意是说,我们的毛病还不在六十七十,我们乃是十五而志于学没有懂得,我们所志何学,我们又何曾志学,我们从小都是失学之人。此言我真是得益不少。去年"重九"之后,在我三十五生日的时候,我戏言,我现在大约才可以说四十岁的事情了,这个距离总很不远。是的,今日我可以说"不惑"。回转头来,对于十五志学,又很觉有趣。自己的好学,应自即日问学,自即日起也无妨做一个蒙师,首先我想教读自己的孩子。金圣叹为儿子批《水浒》的意思是很可敬重的,孔子问伯鱼学没有学过《周南》《召南》,我自己还想从头读《周南》《召南》也。

去年"腊八"我为我的朋友俞平伯先生所著《槐屋梦寻》作序,《梦寻》的文章我最佩服,不但佩服这样的奇文,更爱好如此奇文乃是《周南》《召南》。我的序文里有一句话,"若乱世而有《周南》《召南》,怎不令人感到奇事,是人伦之美,亦民族之诗也。"我曾当面同俞先生谈,这句话恐怕有点缠夹,这里我很有一点感慨,《周南》《召南》系正风,但文王之世不亦为乱世乎?小时在私塾里读《了凡钢鉴》,有一句翻案文章我还记得,有人劝甲子之日不要兴兵,理由是"纣以甲子亡",那位皇上答道,"纣以甲子亡,武王不以甲子兴乎?"我说"乱世而有《周南》《召南》",不仅是赞美《国风》里的诗篇,是很有感慨的,很觉得《周南》《召南》是人伦之美,民族之诗也。

教　训

（原载于 1947 年 1 月 18 日上海《大公报·星期文艺》）

代大匠斫必伤其手

当我已经是一个哲学家的时候——即是说连文学家都不是了，当然更不是小孩子，有一天读老子《道德经》，忽然回到小孩子的地位去了，完完全全地是一个守规矩的小孩子，在那里用了整个的心灵，听老子的一句教训。若就大人说，则这时很淘气，因为捧着书本子有点窃笑于那个小孩子了。总而言之，这真是一件有趣的事情。我的教训每每是这样得来的。我也每每便这样教训人。

是读了老子的这一句话："夫代大匠斫，希有不伤其手者矣。"

小孩子的事情是这样：有一天我背着木匠试用他的一把快斧把我的指头伤了。

我做小孩子确实很守规矩的，凡是大人们立的规矩，我没有犯过。有时有不好的行为，如打牌，如偷父亲的钱，那确乎不能怪我，因为关于这方面大人们没有给我们以教育，不注意小孩子的生活，结果我并不是犯规，简直是在那里驰骋我的幻想，有如东方朔偷桃了。然而我深知这是顶要不得的，对于生活有极坏的影响，希望做大人的注意小孩子的生活，小孩子格外地要守规矩了。我记得我从不逃学，我上学是第一个早。关于时间我不失信。我喜欢蹚河，但我记得我简直没有赤足下一次水，因为大人们不许我下到水里去。我那时看着会游泳的小孩子,在水里大显其身手,真是临渊羡鱼的寂寞了。我喜欢打锣,但没有打锣的机会,大约因为太小了,不能插到"打年锣"的伙里去,若十岁以上的小孩子打年锣便是打锣的一个最好的机会。说是太小,而又嫌稍大,如果同祖父手上抱着的小弟弟一样大,便可以由祖父抱到店里去,就在祖父的怀里伸手去敲锣玩,大人且逗着你敲锣玩。那时我家开布店,在一般的布店里,照例卖锣卖鼓,锣和鼓挂在柜台外店堂里了。我看着弟弟能敲锣玩,又是一阵羡慕。我深知在大人们日中为市的时候只有小弟弟的小手敲锣敲鼓最是调和,若我也去敲敲,便是一个可诧异的声响了。我们的私塾设在一个庙里,我看着庙里的钟与鼓总是寂寞,仿佛倾听那个声音,不但喜欢它沉默,简直喜欢它响一下才好。这个声响也要到时候,即是说要有人上庙来烧香便可以敲钟敲鼓,这时却是和尚的职事。有时和尚到外面有事去了,不在庙里了,进香的来了,我们的先生便命令一个孩子去代替和尚敲钟敲鼓,这每每又是年龄大的同学,没有我的分儿了,我真是寂寞。有的大年纪的同学,趁着先生外出,和尚也外出的时候,(这个时候常有)把钟和鼓乱打起来,我却有点不屑乎的神气,很不喜欢这个声音,仿佛响得没有意思了,简直可恶。在旧历七月半,凡属小康人家请了道士来"放施"(相当于和尚的焰口),我便顶喜欢,今天就在我家里大打锣而特打锣,大打鼓而特打鼓了,然而不是我自己动手,又是寂寞。有时趁着道士尚未开坛,或者放施已了正在休息吃茶的时候,我想我把他的鼓敲一下响罢——其实这也并没有什么不可以的,博得道士说一声淘气罢了,我却不如此做,只是心里总有一个一鸣惊人的技痒罢了。所以说起我守规矩,我确是守规矩得可以。

有一次,便是我代大匠斫的这一次,应是不守规矩了。推算起来,那时我有七岁,我家建筑新房子,是民国纪元前四年的事,我是纪元前十一年生的,因为建筑新房子所以有许多石木工人作工,我顶喜欢木匠的大斧,喜欢它白的锋刃,别的东西我喜欢小的,这个东西我喜欢它大了,小的东西每每自己也想有一件,这把大斧则认为决不是我所有之物,不过很想试试它的锐

废名

利。在木匠到那边去吃饭的时候，工作场没有一个人，只有我小小一个人了，我乃慢慢地静静地拿起大匠的斧来，仿佛我要来做一件大事，正正经经地，孰知拿了一块小木头放在斧下一试，我自己的手痛了，伤了，流血了。再看，伤得不厉害，我乃口呿而不合，舌举而不下，且惊且喜，简直忘记痛了。惊无须说得，喜者喜我的指头安全无恙，拿去请姐姐包裹一下就得了，我依然可以同世人见面了。若我因此而竟砍了指头，我将怎么出这个大匠之门呢？即是怕去同人见面。我当时如是想。我这件事除了姐姐没有别人知道了。姐姐后来恐怕忘记了罢，我自己一直记着，直到读了老子的书又是且惊且喜，口呿而不合，舌举而不下，不过这时深深地感到守规矩的趣味，想来教训人，守规矩并不是没出息的孩子的功课。

多识于鸟兽草木之名

孔子命小孩子学诗，说诗可以兴，可以观，可以群，可以怨，迩之事父，远之事君，还要加一句"多识于鸟兽草木之名"。没有这个"多识于鸟兽草木之名"，上面的兴观群怨事父事君没有什么意义；没有兴观群怨事父事君，则"多识于鸟兽草木之名"也少了好些意义了，虽然还不害其为专家。在另一处孔子又有犹贤博弈之义，孔子何其懂得教育。他不喜欢那些过着没有趣味生活的小子。

我个人做小孩时的生活是很有趣味的，因为良辰美景独往独来耳闻目见而且还"默而识之"的经验，乃懂得陶渊明"怀良辰以孤往"这句话真是写得有怀抱。即是说"自然"是我做小孩时的好学校也。恰巧是合乎诗人生活的原故，乃不合乎科学家，换一句话说，我好读书而不求甚解，对于鸟兽草木都是忘年交，每每没有问他们的姓名了。到了长大离乡别井，偶然记起老朋友，则无以称呼之，因此十分寂寞。因此我读了孔子的话，"多识于鸟兽草木之名！"我佩服孔子是一位好教师了。倘若我当时有先生教给我，这是什么花，那么艺术与科学合而为一了，说起来心向往之。

故乡鸟兽都是常见的，倒没有不知名之士，好比我喜欢野鸡，也知道它就是"山梁雌雉"的那个雉，所以读"山梁雌雉子路拱之"时，先生虽没有讲给我听，我自己仿佛懂得"子路拱之"，很是高兴，自己坐在那里跃跃欲试了。我喜欢水田白鹭，也知道它的名字。喜欢满身有刺的猬，偶然看见别的朋友捉得一个，拿了绳子系着，羡慕已极。我害怕螳螂，在我一个人走路时，有时碰着它，它追逐我；故乡虽不是用"螳螂"这个名字，有它的土名，很容易称呼它，遇见它就说遇见它了。现在我觉得庄子会写文章，他对于螳螂的描写甚妙，因为我从小就看惯了它的怒容了。在五祖山中看见松鼠，也是很喜欢的，故乡也有它的土名，不过结识松鼠时我自己已是高小学生，同了百十个同学一路旅行去的，它已不算是我个人的朋友了。再说鱼，却是每每不知道它的名字，只是回来向大人说今天我在河里看见一尾好鱼而已。后来做大学生读《庄子》，又是《庄子》！见其说"鯈鱼出游从容"，心想他的鱼就是我的鱼罢，仿佛无从对证，寂寞而已。实在的，是庄子告诉我这个鱼的名字。

在草木方面，我有许多不知名，都是同我顶要好的。好比薜荔，在城墙上挂着，在老树上挂着，我喜欢它的叶子，我喜欢它的果实，我仿佛它是树上的莲花——这个印象决不是因为"木莲"这个名字引起来的，我只觉得它是以空为水，以静穆为颜色罢了，它又以它的果实来逗引我，叫我拿它来抛着玩好了。若有人问我顶喜欢什么果，我就顶喜欢薜荔的果了，它不能给人吃，却是给了我一个好形状。即是说给了我一个好游戏，它的名字叫做薜荔，一名木莲，一直到大学毕业以后才努力追求出来的，说起来未免见笑大方。还有榖树，我知道它的名字，是我努力从博学多能躬行君子现在狱中的知堂老人那里打听出来的，我小时只看见它长在桥头河岸上，我望着那红红的果子，真是"其室则迩，其人则远"，可望而不可即了，因为我想把它摘下来。在故乡那时很少有果木的，不比现在到处有橘园，有桃园，有梨园，这是一个很好的进步，我做小孩子除了很少很少的橘与橙，而外不见果树了。或者

废名

241

因为如此，我喜欢那榖树上的几颗红果。不过这个理由是我勉强这么说，我不懂得我为什么喜欢它罢了，从现在看来它是没有什么可喜欢。这个令我惆怅。再说，我最喜欢芭茅，说我喜欢芭茅胜于世上一切的东西是可以的。我为什么这样喜欢它呢？这个理由大约很明白。我喜欢它的果实好玩罢了，像神仙手上拿的拂子。这个神仙是乡间戏台上看的榜样。它又像马尾，我是怎样喜欢马，喜欢马尾呵，正如庾信说的，"一马之奔，无一毛而不动"，我喜欢它是静物，我又喜欢它是奔放似的。我当时不知它是芭茅的果实，只以芭茅来代表它，后来正在中学里听植物学教师讲蒲公英，拿了蒲公英果实给我们看，说这些果实乘风飞飘，我乃推知我喜欢芭茅的果实了，在此以前我总想说它是花。故乡到处是芭茅做篱笆，我心里喜欢的芭茅的"花"便在蓝天之下排列成一种阵容，我想去摘它一枝表示世间一个大喜欢，因为我守规矩的原故，我记得我没有摘过一枝芭茅。只是最近战时在故乡做小学教师才摘芭茅给学生做标本。